FRPボディとその成形法

浜　素紀

グランプリ出版

■読者の皆様へ■

　本書は，1998年3月20日に弊社より刊行した『FRPボディとその成形法』の内容はそのままに，カバー装丁を一新して刊行する新装版です。本書は2014年8月28日の第11刷を最後に，しばらくの間品切れの状態が続いておりましたところ，再刊のご要望を頂戴するようになりました。今後もこの分野に関わる方々をはじめ，広く興味のある方々にとって必要な書籍であるとの判断から，印刷方法を現代の新しい方法に移行するなどの対策を実施して，再刊の運びとなりました。

　再刊にあたっては，著者の浜素紀先生がすでにお亡くなりになられていることから，内容の修正は最小限に留め，記載事項については初版刊行時点での内容となっています。ご了承ください。

グランプリ出版　編集部

はじめに

　ガラス繊維強化プラスチック（FRP）が，初めて我が国に導入されてから既に40数年が経った。その間，軽くて丈夫で作りやすい特徴が大いに買われ，身の回りのものでは浴室のバスタブから二輪車のヘルメット，浄化槽や水のタンク，デパートのマネキン人形，新幹線の車両の内外装，公園の手漕ぎボート，大型の外洋船，航空機関係，医療関係の機器，果ては本物そっくりの庭石や燈籠，それに30メートルを超す観音像までも作られるようになった。

　多くのものがプレスによって工業的に大量生産される一方，ユニットバス，マネキン，ヨットや漁船，レーシングカーなど手作業で少・中量生産される製品もたくさんある。

　学校に上がる前から自動車が好きで，上野の美術学校へ行けばアルミニウム板で自動車のボディの作り方が習えるとばかり思い込んでこのコースに入った僕は，現実はそんなにうまく行かないことが分かりかけた頃，アメリカではアマチュアがこの素材を使って自分の好きなデザインでスポーツカーボディを手作りすることを知ったのである。それからというものはFRPの資料集めと知識を仕入れるのに夢中になり，多くの人たちの厚意と信頼によって実績を積むことができ，自分の工房の基礎を固められた。

　子供のときからの工作好きと手先きの器用さが幸いして木工，金工，石膏作業，塗装などをこなし，電気溶接，ガス溶接も現場の職人から習い，この40年ばかりをFRP成形を中心に自分の作品，またさまざまなメーカーの開発試作品，ショーモデルなどの製作を続けてきた。そして，名古屋芸術大学でデザイン科の学生たちにFRP成形技法を教えた20数年間の経験をもとに本書にとり組むことになった。

　FRP成形技法は樹脂メーカーのカタログに一応の説明はされているし，デザイン技法の解説書も出ているが，どうもこれらは初心者には少々説明が不足のように思われる。

　この本では製品の成形にとりかかる前の原型と雌型の製作，それにいくつかのディテールの作り方などについて，先輩の専門家の方々の解説が補なえれば良いという主旨で書いた。そんな全く自分だけの手探り的な経験談になっているがこの面白い素材で楽しんでみたいという人達の多少とも参考になれば幸いである。

浜　　素紀

FRPボディとその成形法

目　次

参考文献

- Road & Track, John R. Bond社刊
- Style Auto, Style Auto出版刊
- Manual of Building-Plastic Cars, Trend社刊（Trend Book 112号）Robert Lee Behme著
- Custom Cars, Trend社刊（Trend Book 109号）　Robert Lee Behme著
- Racing and Sports Car Chassis Design, Batsford社刊，Michael Castin and Davis Phipps著
- LIFE, Life Time社刊
- 月刊自動車，㈱交通科学社刊
- モーターライン，新生日本社刊
- Collectible Autombile, Publications International社刊
- FRP入門，強化プラスチック協会刊

図　：浜　素紀

Ⅰ.モノを作る材料,単一素材と複合素材

　人はモノを作ることが好きだ。幼児の頃は折り紙で飛行機を折ったり粘土をこね
て人形を作ったりする。学齢期になった工作好きの子供たちは大体プラモデル組立
てのコースを通るのが普通だが，型にはまったものに満足できない者たちはムク材
でウッドカービングをしたり，板材を組み合わせて郵便受けとか椅子などの木工を
始める。展開図が描けるとブリキ細工もできるようになる。僕も初めてハンダ付け
がうまくできたときの喜びを今でも思い出す。
　これらの紙，粘土，木材，金属板などの材料はそれぞれ固有の性質を持つ各自等
質のいわゆる**単一素材**である。

ソリッドモデル。木のブロ
ックから削り出しで作るの
でむくのままの木，ソリッ
ドモデルという。簡略化の
デザインが素晴らしいドイ
ツ製モデルである。

7

ブリキ板を折り曲げて作ったちり取り。素材のブリキ板は板状にするために既に一次加工されたものである。

単一素材はそれ自身が持つ強度，加工の難易度に一定の限度があり，それ以上の特性は望めない。

ところが，一方異なる素材を組み合わせると，単一の場合よりも優れた性質を得ることができる。

たとえば，ベニア板はその最も分かりやすい例で，１mm程度の薄い板だと木目に添って割れやすいが，２枚にして木目を互いに直角方向に接着剤で張り合わせると格段に丈夫になることは誰でも知っている。耐水性の接着剤を使えばボートを作ることさえできる。

また，ベニア板の一面に合成樹脂塗料を塗ったものは化粧合板と呼ばれて，建築の内装材，戸棚やカラーボックスなどの表板として非常に広く使用されている。仕上げ工程不要の板材として簡便なもので重宝がられてきた。

ベニア板の表面に堅木を紙のように薄く削った経木をはり付け，室内の仕上げ材とした化粧板。

　塗装でなくメラミン樹脂の薄い板を張り合わせたデコラと呼ばれるものは，最も高級な化粧合板である。メラミン樹脂は硬くて傷が付きにくく，着色の発色性が良く模様も付けやすいし，手入れも簡単という良いことづくめだが，値段は高くなる。

　メラミン樹脂だけで板にしても美しい表面があるとはいえ，硬いので加工が困難で割れやすく，重量がかさみ，高価になるなど短所がたくさんあげられる。しかし，樹脂層を薄くして安価な木製合板で裏打ちをすることによって両者の短所が補われ，長所が重なり合って全く新しい素材が生れる。これは異なった材質を組み合わせてできる，まさに**複合素材**の例である。

　複数の異なった材料の組み合わせで，より優れた性質，性能が得られる複合素材の理屈は古代エジプト文明の知恵の中にもあった。

　さいころ型の巨岩を250万個も積み上げたピラミッド，スフィンクス，見上げるばかりの巨大神像の並ぶ神殿などの遺跡を残すエジプト時代でも，庶民の家はそういうわけにはいかず，葦を束ねたものに泥を塗り壁や屋根とした家を作っていた。葦だけでは形が定まらないし，泥だけでは崩れやすいものを葦を筋として泥を塗り固

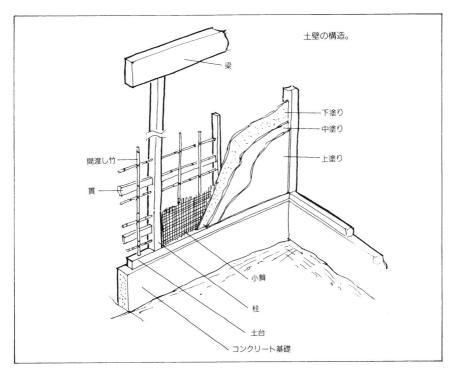

土壁の構造。

梁

下塗り
中塗り
上塗り

間渡し竹
貫

小舞
柱
土台
コンクリート基礎

めて壁とすれば，葦は強度を受け持ち，泥は細い筋をまとめる接着剤の役で一つの
壁体を作る。これはもう立派な複合素材である。

　我が国でも建築をする際に大は城廓，小は土蔵や民家などを土質系の塗り壁で作
ることは古くから行われていた。古代エジプトの葦芯の泥壁と原理的に同じながら
も，はるかに高度な構造と仕上げの美しさを備えている。

　その概略を述べると，

●地上に基礎を作る（古くはくい打ち，石組みなど，現在はコンクリート製）。

●基礎の上に土台を置く（普通は 3 寸角＝ 9 × 9 cm，3.5寸角＝10.5×10.5cm， 4 寸
　角＝12×12cmの角材）。土台のセンターラインが建物の平面図上の輪郭線となる。

●土台の上に柱を立てる。柱の上部を梁<ruby>梁<rt>はり</rt></ruby>で連結しその上に屋根の形の小屋組<ruby>小屋組<rt>こやぐみ</rt></ruby>を乗せ

土壁の中側には細い竹を組み合わせた小舞（こまい）
という格子を作り，それを芯に壁土を塗る。二の
格子が小舞である。

麻くずを細くほぐして柔らかくした苆（すさ）。
しっくい壁を塗る際に混ぜて強度を持たせる
繊維である。石膏の作業に大変役に立つ。

10

ると建物の骨格ができる。

●柱の間に，縦方向に間柱，横方向に貫を井桁状に通し，その間をさらに細い竹を縦横に並べ小舞なわ（しゅろなわ）でしばり合わせる。これで建物の壁を作る芯が完成する。

●縦横にできた竹の格子の上に荒木田粘土を塗る。それには短く切ったわらを混ぜてこね，芯材の隙間に塗り込む。

●さらに中塗りをする。切りわらの代わりに麻苆（麻の繊維）を混ぜる。

●上塗りをする。建物の内外の表面仕上げ面となるので，滑らかなしっくい塗りが普通である。しっくいは貝殻を焼いて作った白い粉末を水と糊でこね，さらに細い麻苆を混ぜる。このようにして，土壁の中身は太い木材から細い多種多様な筋と繊維で補強されてでき上がる。

これは日本建築の塗り壁構法だが，この原理は現在の鉄筋コンクリート造りと全く同じで，この壁体は完全な複合素材製である。

そしてこの原理はまたそのままFRPの作り方にもつながるのである。このFRPは，Fiber Reinforced Plasticsの頭文字をとったもので，Fiber＝繊維，Reinforced＝強化された，Plastics＝合成樹脂の略である。

Fiberはエジプト時代の葦の束，日本建築の柱や竹を編み合わせた芯材，コンクリート造りでは鉄骨，鉄筋に当たり，形を作る際の強度を受け持つ。

Plasticsは英語の語源ではいくつかの意味があるが，今では人工的に作った合成樹脂を広く指す。FRPでは芯材を固め合わせる接着剤の役目を持つ。

我が国の素朴な民芸品として古くからあるだるまや犬張り子などは，和紙を糊で張り合わせて作る，これも複合素材の製品である。

これは始めに木型の上に和紙を張り付け乾燥後に半分に切って型からはずし，もう一度合わせ目を張り合わすと元の形ができる。この場合型は雄型（凸型）である。

形の凹凸を逆にして雌型（凹型）の中に張り込み，それを取り出す方法もある。波型の凹凸が付けられたチキンライスとかプリンなども同じように，雌型から中身をスポッとはずして中から取り出したままが形になるという作り方である。

いずれの場合も，型から一方向へ取り出せる，つまり型に"抜け勾配"を持たせることがポイントだが，これについては型の作り方の項で詳細に述べることにする。

粘土製の雄型の上に麻布と和紙の小片を漆で張り固め，後に粘土を掻き出して仏像を作る脱乾漆造りは奈良，天平時代から行われていた。

国宝指定のうちでも最も優れているのは東大寺，戒壇院の四天王像，興福寺の八

興福寺の阿修羅像。

部衆像などで，いずれもリアリズムの表現ながら四天王の方は仏法の守護神で世の善悪を調査する役ということで悪に向かい手を振り上げ，憤怒の形相を一千年もの長きにわたって見せている。

　一方の八部衆は同じ仏法の守護神なのだが，その中の一体，阿修羅像は今の世に現れても不思議ではないくらいみずみずしい少女とも見える顔立ちで，その表情に漂う静ひつさ，上品さ，おだやかさは古今の彫刻作品の中でも最高のものである。

　麻布と漆という複合素材で，木彫や鋳造と違って材質感がソフトであり，それと相まった写実的な表現が素晴らしい。

　これらの歴史上の複合素材で接着剤として使われているのは，土壁では粘り気のある荒木田粘土，しっくい壁の場合では海藻糊，だるまや張り子のふ糊，脱乾漆の漆（うるし）などいずれも天然産の材料である。

　これに対して，初めて人工的に作られた素材でFRPのPの部分の役割を果たすのは，20世紀になってアメリカ人，レオ・ベークランドが開発したフェノール樹脂で

世界で最初に作られた人工的合成樹脂のベークライトは，高温と高圧をかけた金型で生産される。丈夫で絶縁性が高いので，電気部品に広く利用されている。

ある。彼はフェノールとフォルマリンを反応させてやに状の物質を合成し，これが発明者の名前からベークライトと命名された。これを木粉，紙，布類と一緒に金型に詰め加熱，加圧すると固形化する。強度が高く耐熱性，電気絶縁性が優れているので，電気部品の材料に広く用いられ，我々の日常生活でも馴染みが深い。

ベークライトは加熱させて固めるので，合成樹脂の分類上，**熱硬化性樹脂**と呼ばれる。

ベークライト以降に開発された合成樹脂ではメラミン樹脂，尿素樹脂が家庭用品の素材に広く用いられており，いずれも熱硬化性型の樹脂である。このタイプは成形時には加圧，加熱のできる金型が必要なので，設備は大規模となり費用もかさむ。

同じ熱硬化性樹脂でも，常温（室温）で常圧（プレスが不要）のまま硬化するという画期的な樹脂が1942年第2次大戦中のアメリカで開発された。不飽和ポリエステル樹脂と呼ばれるこの新しい素材は，触媒を加えると化学反応が常温常圧の下で起こり，液体の状態が固体へと変化する。この樹脂にガラスを極く細く繊維状にしたものを強度を得るための筋とし，型に塗り付ける手作業で大仕掛けの設備がなくても大型品の成形を可能とした。

アメリカは，太平洋上の作戦で遭難した将兵の近くに飛行機から投下する救命ボートをこれで作ったという話を戦後になって聞いたことがある。アメリカはこのときに初めて本物のFRPを開発し，実用化に成功したのである。

余談ではあるが，第2次世界大戦の間に学生時代の青春を過ごした我々にとって，戦争は人生の中での極めて強烈な事件であった。絶叫的に戦意高揚をわめく社会や学校という環境のなかで，使命感や正義感に興奮することがあっても，子供心にも分かる戦況の悪化，堪えるしかない空腹感，日増しに焼野原になっていく空襲の激しさ，いつになったら学校に戻れるのか分からない将来の見通しのない不安感など

がゴチャまぜになった日々を送っていた。当時の中学生以上の者はほとんど何かしらの軍需工場や研究所で工具と同じように作業についていて，学校の授業は全くなかった。我々のクラスは昭和20年の春先から東京の恵比寿にある海軍技術研究所に動員されて毎日通っていた。

　その頃の数日間，江戸川区の江戸川沿いにある小さい造船所に泊り込みで作業をしていたことがある。その仕事のひとつに材料強度試験というものがあった。日本海軍の軍艦はもちろん，輸送船もアメリカ軍に次々と撃沈され，鉄材や木材が極端に不足していた造船界では，なんとコンクリート船を作ろうとしていた。そして鉄筋の不足から中に入れる筋に竹を使おうというのである。

　強度試験材として作られた竹筋コンクリートのブロックはおおよそ長さ80cm，幅40cm，厚さ10cmぐらいの形にできており，その両端を台で支え中心近くに砂袋をいくつも積み上げ，歪みの具合を横に取り付けたマイクロゲージで計りながら座屈するまで続けるのである。

　力仕事は鳶職の大男が何人もいてやってくれるので，我々学生は一日中座ってゲージの目盛りを見て記録をするだけだった。

　作業場のすぐ横の江戸川岸辺には，既に竹筋コンクリート製の小型ボートができてつながれていたので，昼休みに我々悪童が2〜3人で乗り込み，もやい綱をほどいて江戸川の流れの中に出ていった。ところが，船体が重すぎて1本あった棹では操作が自由にならず，江戸川の緩やかな流れにさえ抗することもできなかった。

　当時中学生だった悪童どもにもこの材料で果たして役に立つような船が作れるのだろうか，大いに危惧が感じられたのだった。

　ここに1枚の色褪せた記念写真がある。この造船所での強度試験が終わった日のものである。前列左から3番目が僕で左隣りが小学校からの同級生福田寛君。彼の

江戸川の岸辺にあった小さい造船所で，竹筋コンクリートの強度実験をしていた昭和20年6月頃のひとこま。このとき世界最大級の戦艦，大和と武蔵は既に水上に姿はなく何ともいえない悪夢のような両者の縁だった。

御父君は日本海軍最後の巨大戦艦大和の設計主任，故福田啓二海軍造船中将である。

　50年前のこの時期，アメリカではFRPを開発し，救命ボートや上陸作戦用船艇を完成実用化していた頃，日本では狸の泥船のような竹筋コンクリート船を作ろうとしていた。その一方で，日本海軍は世界最大の超弩級戦艦〝大和〟と〝武蔵〟を建造した。だが，我々がこの小さな造船所で作業をしていたときには，もはやこの2艦とも海底深く撃沈されていたのだ。

　このなんとも甚だしい落差は他に較ぶべきものを知らない。

　1945年8月にアメリカを中心とする連合国側に日本帝国は全面的に降伏し，ほぼ4年にわたった太平洋戦争が終わった。我が国は初めて経験する敗戦で今までの高圧的な主義主張，権威主義，価値観などがいっぺんにひっくり返された混乱の中でも，夜部屋に明るく電灯を点けても良いことだとか学校で友人たちと群れていられることなど，それまで長い間望んでもできなかった些細な楽しみに浸っていた。

　東京をはじめ日本全土がアメリカ軍に占領されて支配されることになるのだが，2〜3して世の中にやや落ち着きが戻ってきた頃，町の古本屋や友人の間にもアメリカの雑誌が回ってくるようになった。その中の『ポピュラーサイエンス』『ハーパーズバザー』『ライフ』などは色彩が鮮やかで，今まで知らなかったアメリカ人の生活を楽し気に伝えている記事が多く，遠い遙かな世界を見る思いで眺めたものだった。

　その中の小さなコラム記事に僕は強く興味をひきつけられ，切り抜いてスクラップしておいたものがある。それはスカラブという名称の斬新なデザインの試作車でボディはファイバー製と書いてあった。これがアメリカで1946年に作られた最初のFRP車である。しかし，このときに僕はまだファイバー製とはFRPを素材とした製品であることが理解できなかった。それでも手当り次第に『ロード＆トラック』『オー

スカラブ3号車。ファイバー製ボディという紹介で初めて見た写真と記事，このときはファイバーの意味が理解できなかった。

トカー』『モーター』『ポピュラーメカニックス』などの外国雑誌の記事を探しているうちに，ファイバーと樹脂を型に入れて固めると自動車ボディが作れることが分かり始めたのである。

　このあたりのことは，我が国におけるFRP事情として後に述べることにする。

　この時期に戦勝国だったアメリカやイギリスでも，戦時中のもろもろの抑圧がいっぺんに取り払われ，すべての人々が平和を満喫したい，遊びに行きたい，自動車が欲しい，スポーツカーが欲しい，けれども手元には旧型車しかない，という思いでいたことは想像に難くない。

　そういうときに，それまで軍用にだけ扱われていた新素材FRPが民間にも解放され，アマチュアが自分の手で望みの形が作れる技法を知ったのである。古くからDIYの気風が強いイギリスとアメリカで自動車好きの人たちが自分のために，またベンチャービジネスとしてスポーツカー造りが始まったというわけで，数多くの小企業，小グループが現れて，ざっと数えただけでも30を超えるところでFRPボディの生産を始めた。それもわずかの例を除いた他，既存のメーカーは全く手を出していないのも面白い。

　また，これら多くのグループは極く少数だけがこの世界に残り，ほとんどが割に早い時期に消滅してしまった。

　僕も長い間FRPを使っていろいろな試作やボディの製作をくり返してようやく手に馴染み，この興味ある素材のメリット，デメリットが分かるようになった。そして，当時の自動車好きの人たちがこの新素材に夢を託してどんなに意気込んで取り組んだか，けれども経済力，デザイン力，技術力の不足で苦渋をなめながら脱落して行った背景が今，理解できるのである。

II. FRPという素材，その特徴

　ここでこの古くて新しい複合素材であるFRPの特徴と成形の作業をする場合のポイントをまとめておきたい。

　FRPを素材として成形するさまざまな立場からそれぞれの見方，評価がある。たとえば工業的に少，中量生産を行う企業，新製品のデザイン開発や試作をする研究用のため，彫刻家や工芸作家が立体造形を試みる例，また自動車好きの人がカロッツェリアを夢見てカスタムボディを作ろうとしたり，バイクのカウルを自分のデザインで作ってみたい，というアマチュアが1〜2個の製作をするなど立場と目標の違いで，この素材に対する見方も多少の違いがある。ここではアマチュアが自分のためにほんの数個のモノを作る場合を前提にして解説する。

■ FRP成形には大規模な工業設備は不要

　通常，化学工業製品は大きなプラント施設の中で作られる。しかし，FRPで形を作るのには作業場だけあれば良い。つまり，大きいプレスや加熱装置なしで大きな形のモノが作れる。これがアマチュアでも手を付けられる最大の利点なのだが，逆にいえば，この作業は90％の労働と5％の材料，5％の知識と知恵によるものと見なければならない。

　扱うのはFRP素材だけではない。型を準備するための木材，金属材料，塩化ビニ

ール板やパイプ類，粘土や石膏などの左官の材料，そしてこれらの各材料を切った
り継いだりする工具，技量，ノウハウがなければ仕事が始められない。もし美術学
校などのコースを経験していれば非常に有利である。その上，デザイン力とイマジ
ネーションが豊かであり，仕事の正確さについてのセンスがあればさらに好ましい。

　つまり，工作と材料について広い範囲の雑学を持った器用な人であることが望ま
しい。

　企業ではそれぞれの分野でのプロがいるが，アマチュアの場合はこれらのすべて
を一人，あるいは数人の仲間でこなしていかなければならないのである。

　最初からこんな話を聞かされて，僕は不器用だからダメ，金工ができないからダ
メとあきらめるのではなく，仲間を集め，知恵者を探して自分の足りない部分を補
強する工夫をして始めれば良い。

■ FRPは軽くて強い

　これは確かにFRPの大きな利点なのだが，軽いことや強いことは比較する対象が
あってのことで，どんな場合でも優位に立っているわけではない。

　芯材に使う素材と比較する他の材料の物性を表で示す。

　この表は各種素材を断面積1mm²にし荷重をかけて引っ張り，切れる限界を示した
数値である。

　1mm²の鋼材は約60kgの大人を持ち上げられるが，ガラス繊維では体重約200kgの関
取がぶら下がれる。また，炭素繊維ならばガラス繊維の2倍の強さがある。しかも
各素材はそれ自身の比重が異なるから，重量当たりとしての強さは表の右端の比・
引っ張り強度に表される数値になる。

　だが，この表は芯材の引っ張る強さの数値を示しているだけで，たとえば0.8mm厚
みの鋼板と同じ強度を得るのにガラス繊維を使えば0.3mm厚みで大丈夫で，炭素繊維
ではさらに30〜50%も薄く作っても良い，という具合にはいかない。

各素材の比重と引っ張り強さ

素　材	比　重	引っ張り強さ	比・引っ張り強さ
木　　　綿	1.53	25〜80kg/mm²	
麻	1.55	35〜95kg/mm²	
アルミニウム	2.70	15.4kg/mm²	5.72kg/mm²
鋼	7.85	59.7kg/mm²	7.61kg/mm²
ガラス繊維	2.5〜2.6	195kg/mm²以上	78kg/mm²以上
炭素繊維	1.7〜1.9	250〜350kg/mm²	

　FRPは芯材となる繊維を樹脂で接着して固めるので, たとえば1㎜の厚みに作ったものの中に繊維がどのくらい含まれているかによって強さが違ってくる。しかも手作業で樹脂を塗る場合, 樹脂の量が多すぎてダブダブしていては中身の繊維の含まれる割合は少なくなる。

　繊維はさまざまな織り方があり, それらは力のかかり具合で強度に大きな差が生ずるから, 条件が複雑になって一定のデータを表しにくい。

　しかし一般的にいえば, 鋼材よりもFRP材の方が軽く, 鋼材とは違う丈夫さがあるということができる。

■ FRPで作れる大きさ

　この素材で自動車のシートだとかバイクのカウル, あるいはガーデンファニチュア程度の大きさで, 自分の好きなままのデザインを実現させるのには極めて適した材料である。良い協力者が得られれば自動車ボディやボートでも作れるし, 長さが10m以上の漁船なども手作業で作られている。もちろん, そのデザインが入れられる作業場は必ず必要であるのはいうまでもない。暖房が効く作業室があれば冬の寒さの中でも仕事が楽だし, 気温が低くて樹脂の反応が鈍る心配もない。

■ FRPで作れる数量

　この素材でモノを作るときには, 材料だけで直接形を作ることはできない。まず自分が作りたい形と同じ大きさ, 同じ表面仕上げのモノを作る。これを原型と呼ぶが, 材料は粘土, 木, 石膏, 発泡材などを使い, 表面は相応の仕上げ処理をする。その原型の上にさらに石膏, あるいはFRPをかぶせるように乗せて原型の逆型, いわゆる雌型を作る。さらに雌型の中に最終のFRP成形をして中から取り出したモノがFRP製品となる。

　つまり1個だけのモノが欲しくても原型, 雌型, 製品と3倍の仕事をしなければならないのでいささか大変な手間がかかるのだが, 雌型ができているから2個以上必要であれば, 次は引き続いて成形ができる。ひとつの型で何個成形できるかは雌型の作り方にもよるが, 普通は数個～数10個は成形できる。繰り返して成形している間に型の表面が荒れたり傷ついたりしたら, 製品を原型にして再び雌型を新しく作れば良い。

　FRPは高価な金型を準備しないでモノが作れることが大きな利点だが, 材料費は金属板に較べてはるかに高価だから, 一時期に大量の製品が必要なときは金型を作

って金属板をプレスした方が1個当たりの単価が安くなるわけで，生産量，価格，期間，工賃などの問題となり，我々が手仕事でする領域ではなくなる。

■ どんな形でもできるだろうか

理屈からいえばFRPでどんな複雑な格好のモノでも作ることはできるが，それなりに原型と雌型がより複雑になり，仕事は困難になる。

最も簡単な型はチキンライスを作るときのアルミニウム型で，ライスを詰めて皿の上にパカッとあけると型の形そのままがライスの山になる。これを一型で抜ける形という。

首が狭くなった壺の形はうまく抜けないから型は2個以上の割り型に作って中に成形した製品を取り出す。

頭蓋骨の標本模型を非常に複雑な割り型で，実に精密に作る名人もいることだから，工夫と忍耐でどんな形でもできるのだが，一般的に型の分割は少なくして成形するのが効率の良い方法である。

■ FRP成形の費用はどのくらいか

素材である繊維と樹脂の値段は買い方にもよるが，あまり高価なものではない。

極く大雑把な較べ方をすれば，FRPの素材の価格は重量当たり鋼材の10倍ぐらいになるだろう。DIY店や画材屋で小分けにされたものを買うと専門店よりもさらに5〜6倍はする。それだけについていえば，鉄板かアルミニウム板を使って鈑金作業で自動車のボディを作る方が安く，早くできるだろう。しかし鈑金の設備や技術，作業中の騒音などの近所迷惑を考えれば，FRP成形では材料の割高以上の利点が大きい。大量生産のために金型を作ると価格は高くなるが，それと較べたら自分の手で作る木製なり石膏製の原型と雌型ははるかに安いものである。雌型までできてしまえば2個目，3個目と作るのはずっと容易な作業となる。それゆえにFRPは試作用，プレゼンテーションモデル用など，金型で工業的に製造したのと全く同じ体裁に仕上げられるから，この素材が使われるのである。

■ FRPは本当に良いことばかりか

FRPの利点ばかりを聞かされれば，この素材を使ってすぐにでもカロッツェリアになれると思うかも知れない。確かにこれは面白い素材で，鈑金のプロと同じ形作りができる。しかし1個の製品のために原型，雌型，製品と3倍の仕事をこなさな

け れ ば な ら な い し, 原料のガラス繊維, けずり屑, 切断するときのほこりは肌にチクチクするし, 樹脂はベタベタして大変な汚れ作業であることを覚悟しなければならない。樹脂や溶剤, 使う薬品類は燃えやすい危険物でもある。大工場の設備が不要だとはいえ, 木工, 金工, 左官, 機械仕上げ, 溶接, 塗装, 自動車修理などができる道具と技量は最小限でも必要である。

　アマチュアの作業場での少人数グループは, 小さい組織なりに安全管理, 危険防止, 健康管理などに特に注意しなければならない。また, 作業についての工程管理, 材料管理などさまざまな管理能力も要求され, 万一の不具合が生じれば, 小規模でも公害の元ともなるのである。

　たしかにFRPは興味ある素材である。大きい設備がなくとも手軽に扱えるのも事実である。趣味としてDIY精神での作業ならば, 少々手間がかかってもそれは楽しい仕事となる。しかし, この素材で何かモノを作ってビジネスにしようとなると, 成功する条件は非常に厳しいものになる。さきに述べたようなさまざまな管理の問題の他に経営のことがある。企画, 市場調査, 営業活動など生産作業と別に進めなければならない。自分でモノを作ってそれを売り, 経営を成り立たせるのはただでさえ難しいことなのに, FRP素材という限られた領域で事業を起こそうなどとはアマチュアは考えない方が無難である。

Ⅲ. アメリカのFRPボディ車

■ スカラブ（黄金虫）

　ウィリアム・B・スタウト設計で1946年に作られた試作車。フォードＶ8エンジン
をリアに置いて全体が丸っこい現在のワンボックスタイプに似たボディを付けてい
る。このデザインは既に1930年代終わりに鉄板製ボディで極く少数が作られてい
た。1946年になってボディはファイバーで作られたという記述があったが，そのと
きにはファイバーは赤褐色の固い紙で電気部品の絶縁材に使われるものと思ってい

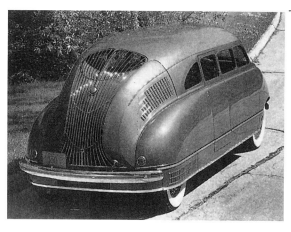

最初のスカラブは1930年代終わり
にスチールボディで作られた。今
のワンボックス型のはしりのデザ
インが既に現れ，ボディサイドは
完全なフラッシュになっている。
半世紀近くも時代を先取りした画
期的なデザインである。

たので，この自由にならない固さをどのようにして曲面のボディにするのか理解できなかった。僕が興味をひかれたのも不可解な素材よりはこのデザインの方で，ショートノーズ，ファーストバックのボディに側面はいち早く完全なフラッシュサイドを採り入れた未来的な形に強く魅了されたのである。

室内はフロアが平らで広く，ドライバーシートだけが固定されていてほかのシートは家具のように自由に動かせ，カードテーブルが置かれているという記事だった。

デザインを見ても設計者のスタウトは非常に進歩的な考えの人だったらしく，現れたばかりの新素材FRPをいち早く採り入れ，戦後翌年にもう試作を完成させている。鉄板製ボディの方は当時ハリウッドのスターたちから数台の注文があったというが，このファイバー製スカラブは試作だけで終わり，生産には至らなかった。恐らくは戦後初のコンセプトカーであっても，少し前衛的過ぎていたのかも知れない。

■ ブルックス・ボクサー（グラスパー社製）

戦後間もなくカリフォルニアにあるグラスパー社ではFRPによるボートを生産していた。そこへ陸軍少佐ブルックスが訪れ，自分のために特別のスポーツカーの製作を依頼した。新しいデザインのカスタムボディを載せることを希望したが，シャシーのメンテナンスや部品の補充はアメリカのどこででもできることが条件だった。社員のビル・トリットがこのプロジェクトを受け持ち，2座席オープンボディを作り，1939年製フォードシャシーに架装した。デザインは当時の世界の自動車界を驚嘆させたジャガーXK-120に酷似していた。しかし，フロントのグリルだけは荒い縦格子の五角形をしており，鮫の口のようであまり良い趣味とはいえない。

数人の女性が，このボディシェルを持ち上げて軽さを誇示している写真がある。ボディ成形はまだ非常に未熟で，側面パネルは下へ垂れ下がった縁を切ったままに

グラスパー社の初期のモデル，ブルックス・ボクサー。ボディデザインはジャガーXK-120に大いに影響を受けているが，フロントグリルの鮫の口のような形は何とも頂けない。

ブルックス・ボクサーのボディシェルを3人の女優が持ち上げて見せているが，こんなことができるのは当たり前で，おそらく重量は20kgもないだろう。ホイールアーチ，フロントのグリル，ヘッドライトの取り付けまわりなどパネルを切ったままで，強度や次の工作のためのフランジの準備はなにもない未熟な作り方が，FRPボディ初期の時代を表している。

してあり，グリルの周辺も切り取っただけの形でフランジなどの補強は何もない。FRP成形では開口部は剛性を高めるために内側へ折り曲げたフランジを作ることが必要で，しかもそれが同時に一体成形できるのが利点なのに，デザインと工夫でまだ先の予見ができない時代の作である。

これは注文主に因んで**ブルックス・ボクサー**と命名された。最初のモデルはドアさえもないものだったが，翌年はボディ両側にドアが付けられた。1951年の自動車ショー，ロスアンジェルス・モトラマに出品されたが，そこには他の3種のFRPボディを付けたスポーツカーも展示された。エリック・アーウィン設計の**ランサー**，ジャック・ウィルとラルフ・ロバートの手による**スコーピオン**と**ワスプ**である。

この4人が戦後いち早く既製のエンジン，シャシーを流用し，それに新しくデザインしたFRPボディを乗せて，スポーツカーを作る事業に成功したパイオニアたちである。

スコーピオンとワスプはクロスレーのシャシーに架装されたものである。クロスレーモーター社はパウエル・クロスレーによって1939年，オハイオに設立された小

クロスレイ・ホットショット。第2次大戦直後に大量に放出された軍用エンジン722cc，OHCをうまく利用して小型のセダン，ワゴン，バンなど生産したが，この2座のスポーツタイプが最も人気があり，戦後の東京にも数台が走っていた。

スコーピオン。これは前に出たクロスレーのシャシーを使った簡単な2座席スポーツカー。シャシーとボディはキットとしても売られ,クロスレーが0.7ℓのエンジンだったのに較べて,これは小さいものからフォードのV8までも取り付けられたというから,ずいぶんアンバランスな車も作られたようだ。

規模なミニカーのメーカーである。戦後,軍用の水冷4気筒722ccのエンジンが大量に放出されたのを利用して生産したオープン2座のミニスポーツカー,クロスレーは相当な評判で日本へも数台が入ってきていた。

　アメリカは戦時中の1942年には乗用車の生産を止めすべてを軍需産業に切り換えたが,戦後の1947年になって少しづつ新しいデザインの車が現れるようになった。

　従来のものは前後のフェンダーの輪郭が明らかに見られて,ドアが少し内側に下がっている形が普通だったが,現在ではフェンダーの名残りは失われ,ドアはボディ幅一杯まで拡がって側面は前から後ろまで一枚の曲面で作られるフラッシュサイドが,すべてのボディデザインに用いられるようになった。戦後の新しいデザインが生まれようとしている混乱した過渡期に,いち早くこのフラッシュサイドを採り入れたのはカイザー・フレーザー社の1947年型カイザーだが,続いて1949年にフォードが完全なフラッシュサイドボディの量産に入り,堰を切ったように各社が追随している。

　スコーピオンのような弱小メーカーのデザインでさえフラッシュサイドに作っているのが面白い。

フォード・マーキュリー。1940年型は前後のフェンダー,ラジエターグリル,ヘッドライトなどがすべてボディ本体の中に取り込まれて一体化されるデザインが始まる。しかし,フェンダーは未だ半分が外に残り,ドアシルの外側には足を掛けるステップが見えている。

1964年型リンカーン・コンチネンタル。典型的なフラッシュサイドのボディで、戦前型の流れるような前後フェンダーの輪郭線は全く見られない。

　戦後の好景気に湧いていたアメリカでは1950年代の初め、国内に大量にあった1939～'41年型のシャシーに改造を施して、自分だけのカスタムカーを作ることが流行っていた。

　アメリカ人は古く西部開拓時代からDIY気風が旺盛でアマチュア向けの解説書に建築、家具の製作、庭作りを始め、あらゆる趣味の領域のものが出ている。その中に既製の自動車を切り継ぎしてボディやシャシーの改造を教える記事もあり、大胆というよりも無茶に近いすさまじいものがある。

　たとえば、ホイールベースを短くするのにシャシーフレームの中央部を切り取って縮めるくらいは序の口で、ボディを低くしてスマートに見せるために、フレームの継ぎ手を下へ向けてV型に溶接しフロアを低くするとか、リーフスプリングは数枚を抜き取ってシャコタンにする、リアスプリング後端のシャックルは通常はスプリングエンドの上側にあるのをひっくり返してフレームを下げる（これは不可能な構造の場合もある）、さらに極め付けはリーフスプリングの端をバーナーで熱して折り曲げてフレームを下げることまで教えている。

　日本でならば当然不法改造ものだが、アメリカならではのことなのか、また混乱期の過熱のせいだったろうか。

　シャシーの改造だけでもこんな調子なのだから、ニューデザインのスマートな2座オープンスポーツカーボディを自分の古い車に乗せ換えられることは、大いなる魅力だったに違いない。

■ ワイルドファイアー，ウッディル・モーター社製

　ブルックス・ボクサーをデザインしたビル・トリットは同じカリフォルニア内のウッディル・モーター社のためにワイルドファイアーのデザインを提供している。

　以前のボクサーよりデザインは形良くまとまっていて好感が持てる。全体のライ

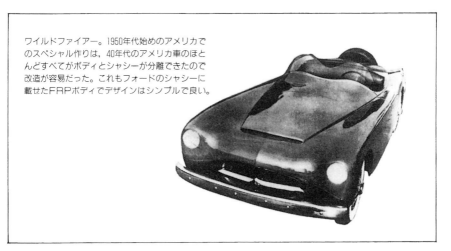

ワイルドファイアー。1950年代始めのアメリカで
のスペシャル作りは、40年代のアメリカ車のほと
んどすべてがボディとシャシーが分離できたので
改造が容易だった。これもフォードのシャシーに
載せたFRPボディでデザインはシンプルで良い。

ンはシンプルながらスマートさが増し、ボクサーのサイドラインよりも前後フェン
ダーの谷間が浅く、むしろ後のジャガーXK-150に近い。フロントのグリルにはギラ
ギラするクロームは全くなく、ヘッドランプのリムも非常に狭くて控え目である。
テールにはクラシックカーの時代のようにスペアホイールを背負っていて、リアフ
ェンダー後端のテールレンズはボディラインに素直に沿っており、こうした全体に
わたって装飾を控えた造りが、ラインの趣味の良さを一層引き立ててエレガントさ
を高めている。

　このワイルドファイアーはパリの1952年オートショー、サロン・ド・ル・シミー
で非常な好評を博した。このモデルは1952年から'58年の間生産が続けられており、
主に戦前のフォードのシャシーを改造して架装していた。後には自社製のフレーム
も作るようになり、オーナーの手間を省いている。

　オーナーがDIYで組み立てられるようにキットでも販売し、完成車3445ドルに対
してボディキットが875ドル、特製シャシーフレーム付、エンジンなしのコンプリー
トキットで1200ドルだった。オーナーが自分でフレームの改造をしないで済むコン
プリートキットの方を薦めていた。

■ DKF-161（ダーリン・カイザー・フレーザー161）

　この時代のアメリカ製FRP車として決して落とすことのできないのはDKF-161
である。カイザー・フレーザー社にいたハワード・ダーリンは自動車デザイナーと
しての実績が高く評価されていた。彼は1946年に最初のFRPボディを手掛けている

DKFダーリン161。1953年にできたこのFRPボディは当時のアメリカ車の標準を抜きんでてスマートなデザインを見せた。

が，1953年発表のDKF-161は一段とスマートに洗練されたデザインを見せている。

　同じオープン2座でサイドパネルはドアのところで幾らか内側にウエストを絞って狭くし，リアフェンダーは少し外側へふくらませて完全なフラッシュにはなっていない。ドアはスライドしてフロントフェンダーの内側に滑り込ませる特異な構造になっている。全体にわたっての装飾の少なさもデトロイト製のオーバーデコレーションの傾向と一線を画し，そのことが一層上品に見える。

　この頃になるとFRPパネルの作り方も以前に較べて巧みになり，たとえば前後のボディ端末とバンパーの間をカバーするエプロンをボディと一体成形するとか，ホイールアーチの個所で周辺にフランジを設けて強度を出す工夫をするとか，ヘッドランプをフェンダー内に埋め込んでライト枠を付けないランプハウジングを作るなどFRP成形時の利点をうまく活用している。

　DKF-161はカイザー社製のヘンリーJシャシーに架装されていた。ヘンリーJは戦後の余剰ジープエンジンを活用するためのメタルボディの小型車で，昭和20年代末に三菱重工でノックダウンされていたこともあった。

　ハワード・ダーリンは独立してハワード・A・ダーリン・オートモーティブ・デザイン社を作って1958年まで仕事を続けており，DKF-161の生産は約240台になった。

■ アメリカのその他の小メーカー

　アメリカでのFRP車生産の黎明期にいくらかの成功を見せたのは上記の三種類ぐらいで，それ以外の小規模なワークショップは2～3に止まっており，販売するほどの生産量があったのか情報は少ない。

●グラハムモーター社のスターダースト

　1939～41年フォードのフレームをホイールベース110インチに切り縮めたシャシー

ヴェイル・スポーツ。どんなに情熱と努力が注がれても、デザインは作る側の感覚と技術によるところが大きい。このボディもフロントとテールに苦心しながらも、あまりレベルの高いものになり得なかったデザインの一例である。

に架装した。

●ヴェイル・ライトのヴェイルスポーツ

　MG-TCのシャシーに載せるデザインで作られたボディシェルだが、半完成品のキット販売だったので、購入者は自分でドアを切り抜いて取り付ける必要があった。

●テスタグッツァ兄弟のラ・サエッタ

　ジーノとセザール・テスタグッツァ兄弟は、既にデトロイトで大メーカーにデザインを提供していたが、独自の作品としてシボレーシャシーに載せるFRPボディを生産し、注文に応じて販売した。

●フォルクスワーゲン・オールケン

　オールケンは比較的後発で、さきのダーリンDKF-161が生産を止める頃に登場したカリフォルニアの小メーカーである。もともとフォルクスワーゲン・ビートルはトレイフレームにエンジンが付けられた形式で、ボディを取りはずしてもお盆の形で走れるため、後々までカスタムボディ製作に広く利用されてきている。

　オールケンはビートルを使った初期のもののひとつである。ボディはオープンとクーペと2種類あったが、ボディのみが1295ドルで販売された（1959年）。

VWオールケン。フォルクスワーゲンのトレイフレームに架装したもの。1959年製だが、この時期になると小規模生産のFRPボディデザインでもアマチュア臭みがなくなり洗練されてくる。

フォルクスワーゲンVWは，上側のボディを取りはずしてもトレイフレームだけで走行できたので，その上にFRP製のカスタムボディを載せて，着せ替え人形のように形が変えられた。ステアリングコラムは低く下げて伸ばし，シートも後ろへ移しているが，ドライビングポジションは無理な姿勢で良くなかった。

　当時ビートルの中古車が500〜750ドルという記録があるが，アメリカでフォード・タウナス，ヒルマン・ミンクス，オペル・レコードなどの新車が1500〜2000ドルで求められることを考えれば，自分で組み立てなければならないぶん，多少の割高感はある。しかし発表後，飾り気のないスマートなボディデザインに魅せられて4000ものディーラーのもとに40000もの問い合わせが殺到したというのもうなずける。インダストリアルデザイナー，ビル・ピアーソンの作品である。

●デヴィン

　ビル・デヴィンのワークショップはカリフォルニアで1956年頃からFRPボディの生産を始めている。このデヴィンの特徴は鋼管でフレームを作り既製の足回り，エンジン，ミッションを取り付けてシャシーを用意するものだが，小はフィアット，ビートルから大はクライスラー，シボレーに対応するサイズのヴァリエーションを持っていることである。ボディは一つのデザインを切り縮めたり伸ばしたり，幅を狭めたり拡げたりでシャシーのサイズに合うように成形するという具合で，お客は

デヴィン。フォルクスワーゲンのトレイフレームに載せるので，リアトランクのボリウムが大きい。トランクリッドにエアダクトがあるが，FRP成形ではこのような形は容易にリッドと一体に作れる。

デヴィンはホイールベース, トレッドの異なるサイズのシャシーに対応していた。広告にも「貴方はどのシャシーを選ぶか, MG, TR, ポルシェ, VW, ルノー, ヒーレー?」という文句が入れられている。

選択の範囲が広い。

　デザインは単純な少々味気ない形で興味は薄れるが, 仕上げはFRPボディの中では特に優れているというレポートがある。ビートルの足回りとエンジンを持った完成車で1960年時代に2950ドルとなっている。

●メイヤーズ・マンクス

　1960年代後半にはビートルのトレイフレームに極く簡単なオープンボディを載せ, タイヤはフロントに8.00×15インチ, リアに10×15インチの広い幅のものを付け, 海岸など砂地を走り回るデューンバギーが流行った。

　前後フェンダーとリアデッキ, フロアは一体になっているので, このデザインはボディ全体を1個の型からポンと抜くように成形できる。シートとボンネットだけは別に成形して取り付けられる。ヘッドランプはクラシックタイプのものを独立させてフェンダーに付け, テールランプはビートルのものを流用している。

　トレイフレームであるフロアパンは, 少し切り縮めてホイールベースを短くしてある。水着だけで気兼ねなく遊べるレジャーヴィークルのはしりのようなもので, エンピ社の製品を㈱梁瀬が輸入し少数を販売した。

　パープルの塗装に大きいメタリックフレークを散らして, サイケデリックな仕上げの流行を作ったのもバギーである。国産ではダイハツとスズキが軽自動車のサイズでショーモデルにバギーを試作したこともあった。

　その他にも少数の試作があげられるが, デザインを見ると完成度, 洗練度の低いものが多く, 新しいスポーツカーを求める人たちの興味を引くには魅力に乏しく,

いずれも事業としては成功していない。

■ シボレー・コルヴェット

　デトロイトのメーカーはこれらアマチュアのFRPフィーバーに対してほとんど無視している状態だったが，1953年にシボレーが突然オープン2座席のFRPボディを載せたコルヴェットを発表した。

　この時点こそが，アメリカでのFRPボディがアマチュアのDIYテクニックによる手作りから大メーカーのシステマチックな生産に移行したターニングポイントである。工業化された初めてのFRP成形とはいえ，コルヴェットのアッセンブリーラインは，わずか6台のシャシーが並んでいるに過ぎなかった。しかし，いずれのシャシーの脇には組み付けられる部品が準備されて，その上に架装されるFRPボディを受け入れる作業が進められていた。ボディは雌型の内側に，短く切ったガラス繊維とポリエステル樹脂を，同時にガンで吹き付けるスプレーアップという技法で成形された。

　月産50台というペースが始められたが，それは全シボレー車が20都市の27工場で日産7700台という量産方式に較べ，極く小規模のラインとはいえ，このプラスティック製の画期的な新製品の立ち上がりとしては妥当なものだった。

　それまでの小メーカーは，新しいボディを載せてシャシーには手っ取り早い方法として戦前1939～41年のホイールベース110インチクラス（約280cm）のものを利用し

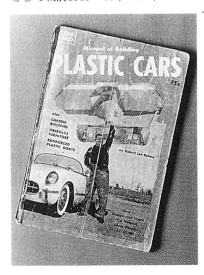

大学を終わる頃，知り合いのアメリカ人にもらったFRPのアマチュア向けの解説書。表紙に大男がコルヴェットのフロアを片手で持ち上げて，いかに軽量であるかを誇示している。この本を手にしたときは本当に驚きと喜びで一杯で，くり返し読んだが，細かい部分は自分で実際に体験するまでなかなか分からなかった。大男の横にあるのが初代コルヴェット1953年型である。

1961年型シボレー・コルヴェット。53年に登場したアメリカ大メーカー製コルヴェットは，ヨーロッパのスポーツカーの水準にはいささか及ばない鈍い形だったが，急速にアメリカ的スマートさをみせるようになった。

ていたのだが，新車として出されたコルヴェットは102インチ（約259cm）のやや短いホイールベースのシャシーに架装された全長424cm, ボンネットの高さがわずか84cmという背の低いデザインであった。

僕が初めてコルヴェットを見たのは1956～57年頃で，東京の虎ノ門のアメリカ大使館分館の脇に止まっていた初期モデルだった。FRPボディの情報を最大の興味を持って追っていた時期だったので，それまでは写真でしか見たことのなかった実物に胸を躍らせて近づいた覚えはあるが，デザインにはいささか失望した。いわゆるヨーロッパ調の細身でスマートな曲線とは全く異なり，フェンダーのラインはヘッドランプの先からテールランプまでほとんど水平なだけで，ボンネットとトランクも平らにベタッと拡がっており，まるでフランクフルトソーセージを上から押しつぶした形に見え，なんでこれがあんなに騒がれるスポーツカーなのかと思った。

ホイールアーチの内側に手を入れてみたら，フェンダーは6～7mmもあろうかと思われる肉厚の手触りに，こんなに厚く成形するのかといぶかしく思ったものだった。

■ スチュードベーカー・アヴァンティー

アメリカ製のもうひとつのFRPボディモデルに1963年に発表されたスチュードベ

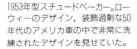

1953年型スチュードベーカー。ローウィーのデザイン，装飾過剰な50年代のアメリカ車の中で非常に洗練されたデザインを見せていた。

ーカーのアヴァンティーがあげられる。

　スチュードベーカーはヘンリーとクレムのスチュードベーカー兄弟によって1852年に始められた馬車製造から100年もの歴史が辿れる老舗だが，戦後は大メーカーの間で苦戦を強いられていた。1953年にインダストリアルデザイナーであるレイモンド・ローウィのデザインになる2ドアクーペの突然の登場は，大変な注目を集めたニューモデルだった。それこそヨーロッパ調といわれるような，フェンダー上縁をフロントからリアへかけて通る輪郭線に張りがあって美しい。また，ボディ側面にはドア上部からフロントフェンダーへかけて浅く引込んだ凹面があり，光の具合で見えるかすかな陰影が彫刻的な立体感を現し，非常に新鮮な感じがあった。

　自動車のデザインやインダストリアルデザイン製品の多くは形の表現に膨張志向が見られ，次第に外形が大きくなる傾向があるが，このような凹面によるマイナスのモチーフは珍しかった。後にこの手法はヒルマン・ミンクス，アルファロメオ・スパイダー，またダットサン410，セドリックなどピニン・ファリナのデザインにしばしば見られ，他のメーカーのデザインにも影響した。

　レイモンド・ローウィは戦後，ラッキーストライクのパッケージデザイン，日本ではピースの箱のデザインで我々にも名前が知られているし，自らも「口紅から機関車まで」の著書で書いているように非常に広い分野にわたって作品を手がけたデザイナーで，自動車のボディデザインのみをやっているわけではない。彼のボディデザインにはヨーロッパのコーチビルダーやデトロイトのものとは何か違うユニークな雰囲気がある。いわゆる自動車屋の嗅みがないもので，うまくいくと自動車メーカーのデザインルームから出てきたのではないどこかインダストリアルデザインスタジオの作品といった予期しない新しさが期待される。

　アヴァンティーもその好例のひとつで，スチュードベーカー・ラークのシャシーに補強を施して載せた2ドア4座のクーペである。ロングノーズ，ショートテール

工業デザイナー，レイモンド・ローウィのデザインによるアヴァンティーは，自動車デザイナーのものとは異なった新鮮さを見せていた。しかし，コルヴェットに継ぐFRPボディの第二弾としてはメーカーのスチュードベーカー社にあまり寄与しなかった。

の構成で，大きく傾斜した広いリアウインドがファーストバックの輪郭を見せている。ボディサイドの中ほどに水平に通る折り目があり，上下にハイライトとシャドーの２面が見られるのも面白い。全体的には極くシンプルな面構成で，1950年代のアメリカ車の悪趣味から完全に抜け出ている。

アヴァンティーはイタリア語の〝前に〟の意味の前置詞だが，〝進め！〟〝さあ行け！〟の掛け声でもある。しかし，高名なレイモンド・ローウィを起用してのアヴァンティーもスチュードベーカー社の窮状を救う力はなく，翌1964年にアメリカでの生産を中止せざるを得なかった。会社は一時カナダに移っているが，これも長くは持たなかった。

シヴォレー・コルヴェットは相変わらず元気が良く，アヴァンティーと同年の1963年には新しい呼び名のスティングレーでボディデザインを一新させた。V8，5.4ℓのエンジンは250馬力から360馬力の間に４種類のチューンがあり，アメリカ趣味の迫力と豪快な爆音を撒き散らして走る姿にはある種の爽快感がある。誕生以来40年を経てなお生産が続けられているが，一方既にコルヴェットだけの博物館ができているのも，自動車王国におけるアメリカンドリームの輝きなのだろう。

品の良いアヴァンティーの悲哀を思うとき世の競争のすさまじさが如実に見えるのである。

コルヴェット・スティングレイの空間を切り裂くような鋭いデザインは，まさに当時のアメリカ好みで大いに受けたものだ。コマーシャルにも多く使われて，これはＡＣスパークプラグの宣伝をしている。屋根の上のふくらみとセンターの気流取り入れ口，ボディサイドのマフラーなどは，試作車に使われたデザインである。

■ フォードGT-40

　コルヴェットは量産，販売を前提としてFRPボディの生産をした成功例としてあげられるが，対抗馬ということではなく，しかも一般に販売を予定していなかったレーシングカーにフォードGT-40がある。

　1964年のルマン以降のレースでの輝かしい成績はさておき，このボディデザインはいわゆる自動車デザイナーの作りではなく，レースで速く走るためにという理詰めの設計が，やれプロポーションだ，ハイライトだ，シャドーだというデザイナーの次元をはるかに超えたレベルで巧くまずして全く理知的な造形を生み出した傑作だと思う。

フォードGT-40。Ｖ型8気筒5〜7ℓという大容量のフォードエンジンのシリンダーブロックにチューンアップされたヘッドを付け，金属性のセンターフレームの上に大型のFRP製カウルを載せるという非常に効率の良い方法で作ってある。

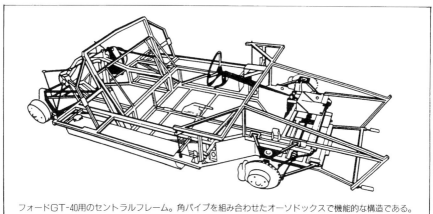

フォードGT-40用のセントラルフレーム。角パイプを組み合わせたオーソドックスで機能的な構造である。

イタリアーナのふっくらとしたグラマーな面がなく，GMの特徴だった鋭いエッジの走りもなく，すべての構成面とその上にあるエアダクト，エアスクープ，ドアの切り込み，ホイールアーチ，ヘッドランプのえぐりなどのモチーフ類は完全に自己の機能に忠実に，一点の隙も甘さもなく，目的のための設計という意志が明確に見られる。

ボディセンターに角パイプで組み立てたフレームがあり，前後にサスペンションを組み付け，ノーズとテールにそれぞれ大きなFRPカウルをかぶせた作りになっている。

フォードの量産型V8, 4.7ℓ, OHVというアメリカンタフガイそのままの平凡なエンジンをベースにチューンアップして搭載したことは，高い耐久性と信頼性が得られた要因でもある。

1967年にカリフォルニアのファイバーファブ社がやはりビートルのトレイフレームに載せるシステムでFRP製のGT-40のレプリカボディを作った。我が国にも極く少数入り，街の自動車屋でアッセンブリーしたのを見たことがある。座ってみたと

フォードGT-40は1960年代のレース界で無敵を誇ったが，80年代になってオリジナルに全く忠実なレプリカが作られた。DIYのためにキットとしても売られ，ボディシェルは既に組み立てられてある。

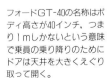

フォードGT-40の名称はボディ高さが40インチ，つまり1mしかないという意味で乗員の乗り降りのためにドアは天井を大きくえぐり取って開く。

ファイバーファブ社では，VWのトレイフレーム上に載せるボディを数種類販売していた。

きに，シートが非常に低い位置にあるのにペダル類が元のままでドライビングポジションはひどく悪かった記憶がある。アズテックという名称だった。

1980年代になってイギリスでGTデヴィロプメンツとKVAリミテッドという2つの小企業がGT-40の非常に忠実な復刻版レプリカを作り，鋼管フレーム，サスペンション，FRPボディパネル類のキットでの販売を始めた。

ボディパネルはオリジナルの型を使って成形され，外観はもちろん，コックピット内のインストラメントボード，シート類の素晴らしいデザインを完全に復元している。

エンジンはフォードV8，5ℓの新品がデトロイトのフォード社から直接供給される。エンジン，ミッションその他パワートレインパーツには安価な中古の部品も用意されているという。

1950年代に入って，デトロイトはやっと戦後設計の新型車を揃えた。メーカーは戦争中には兵器生産ばかりで新車の開発は1941年以降ストップしていたし，市民生活であちらにも〝贅沢は敵だ〟という標語があったかどうかは知らないが，やはり自粛は強いられていたことだろう。頭を押さえ付けていた抑圧は戦勝日を境に吹っ飛んだわけだが，それでも市民は戦後設計の新型車を手に入れるのに5年近く待たされた。戦争というものすごい事件のあとで，勝った方も負けた方も〝変わらなけりゃ〟という思いがあっただろう。敗戦側の我が国でさえ，婦人服のデザインに布地をたくさん使うロングスカートが流行ったくらいだから，アメリカでのフィーバー振り

は好景気とあいまって大変な騒ぎだった。

　ほとんどのメーカーが，ボディ外面を意味なく飾り立てるのに力を入れている。ボディ側面はふくらませたり凹ませたり折り目を付けたり，前後には分厚いバンパーと大きなグリルでクロームのナイアガラを流し，テールはまた航空機の垂直尾翼のモチーフばかりか水平尾翼まがいの張り出しを作り，ジェット機の吹き出し口を真似た大径のテールランプを光らせるなど，自動車の機能とは全く無縁で，造形的にも良い趣味とは思えない過剰装飾に，他の分野のアメリカ人のデザイナーたちすら嘆いたという。

　1960年代に入って事態は劇的な変化を見せた。ボディ側面の形はまず輪郭線が作られ恰好の悪い凹凸がなくなったかわりに横断面の曲率，つまり曲面の曲がり具合を豊かにふっくらと見せるか，平らにすっきりとさせるか，折り曲げのエッジを走らせるのも上と下の輪郭線とのハーモニーを考え，エッジによって切り換えられる面でハイライトとシャドーの光の効果を表すといった具合になった。溢れていたクロームの流れは影をひそめ，バンパーはボディラインに沿うタイプが初めて出てき

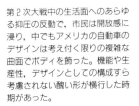

1948年のパリショーに登場したドライエ。戦時中の抑圧から解放されて，思いきり派手なショーモデルを作りたかったのだろう。風にふくらむマントのようなフロントフェンダーの形は既に戦前からあった。デザインはフィゴーニ＆フラスキである（48年1月5日号のライフより）。

第2次大戦中の生活面へのあらゆる抑圧の反動で，市民は開放感に浸り，中でもアメリカの自動車のデザインは考え付く限りの複雑な曲面でボディを飾った。機能や生産性，デザインとしての構成すら考慮されない醜い形が横行した時期があった。

た。グリルも当然細かく控え目になった。

　マスカラのようにヘッドランプの周囲を取り巻いていたクロームのライト枠は取り除かれ、ランプはフロントグリルの中に吸収されたり、カバーで覆われてボンネットの中にかくされるデザインも現れた。

　1960年代のアメリカ車の特徴は、ボディデザインをひとつの造形としての地位を確立させて、形をクリエイトするという意志を明確に表し、それを生産に実現させたことである。

　もちろん、その考え方は戦争前のアメリカにもヨーロッパにもあったが、特に戦後に戦勝国、敗戦国の双方に見られたさまざまな分野の混乱ののち、デザインの領域でアメリカが事態をひとつの意志のもとに収斂させたことに僕は大変興味を覚える。そしてこのことが、GMのデザイン部門を率いるウィリアム・ミッチェルの考え方と指導力が中心だったと見ている。

　その好例のひとつに1962年型オールズモビル・トロナードをあげたいが、全長5 mを超すボディの側面は、ほぼ中心を水平に走る折り曲げ線を境に上下のシンプルな面があり、輪郭線の前端はグリルからやや前に出て始まり、フロントフェンダーへわずかに盛り上がってから水平になり、キャビンへ上がってルーフラインがリアウインドの横側からトランクの上へかけて少しばかりの凹面を作ってテールへまとまる。この一連の流れはこの大柄のボディに非常にシンプルでしかもデリケートな

オールズモビル・トロナード。1960年代に入って、アメリカのボディデザインは、突然に変容を遂げる。無意味な装飾がなくなり、単純な面構成と繊細で美しい輪郭線に囲まれた形が現れた。

コルヴェア・モンツァGT・SS。風を切る鋭いノーズ、サイドのスムーズな曲面、アメリカ車の新しい時代の率直なデザインで、試作だけで終わったのが惜しまれる。

コルヴェア・モンツァGT・SS,
両サイドのドアはウインドスクリ
ーンと屋根とともに一体で上にあ
がり, リアもテール全体が大きく
開き, エンジンルームへのアクセ
スが容易になる。

線を見せており, やはりシンプルなボンネット, ルーフ, トランクのパネルは全体
的に実にスッキリとした現代抽象彫刻を見る思いがする。

同じGMのビューイック・リビエラ, ポンティアック・ボンネビル, グランプリ,
テンペストGTOなどのパネル構成はやや複雑になるが, 全体に健全なアメリカの良
い趣味が感じとられる。

このようなボディデザインに見られる造形感覚は, ヨーロッパの保守的な作り方
の中にはなかったもので, 新時代の工業デザインの, 面構成で形を作るという主張
を実現させたことが注目される。

これら生産車を生み出す過程で提示された多くの試作車の中にも, より前衛的,
進歩的な優れたデザインがあり, 後の生産にも影響を与えている。

これら試作車はほとんどがFRP製で, この素材が特殊なデザインの少量生産にい
かに利用価値があるのか実証されている。

Ⅳ. ヨーロッパのFRPボディ車

　ヨーロッパの自動車メーカーは，今世紀始めからほとんどが小規模，少量生産だった。以前は機械加工業，自転車製造業，あるいは設計士だった人たちが自動車の製造を手掛け始め，小規模ながらもエンジンの設計やシャシーの機構，サスペンションの工夫などに特徴を見せ，ボディデザインに個性を表現するところにさまざまな苦心の跡が窺える。

　イギリスの『オートカー』誌の1933年9月版のバイヤーズガイドを見ると，イギリ

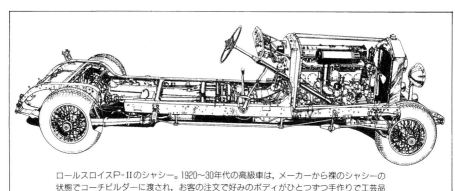

ロールスロイスP-Ⅱのシャシー。1920〜30年代の高級車は，メーカーから裸のシャシーの状態でコーチビルダーに渡され，お客の注文で好みのボディがひとつずつ手作りで工芸品のように作られた。35年当時このシャシーはオースチン7完成車の約17倍という価格だった。

（ロールスロイス社のカタログより）

庶民の足として愛用された
オースチン7。オープン2
座型はすべての自動車中最
安値で、1934年当時に105英
ポンドだった。現在の軽四
輪車よりも窮屈だが、自動
車としての機能はすべて備
わっている。

ブガッティEB-110。エットーレ・
ブガッティの手になる生産は1947
年で終わったが、91年になって彼
の孫をかついでイタリアのカンポ
ガリアーノに作られた新会社で新
しいスーパーカーが発表された。
ボディは基本的にはアルミニウム
でフレームとボンネット、エンジ
ンカウルがCFRP製。

ス車が最も多く記載されているのは当然だが、エンジンの項で2気筒から12気筒の
間にシリンダー容積は最少747.5ccオースチン7から最大12760ccブガッティー・ロ
ワイアルまでの幅がある。バルブ駆動はサイドバルブ、オーバーヘッドバルブが大
勢を占めている他に、シングルオーバーヘッドカム、ツインカムもあり、タペット
ノイズを出さない優雅なスリーブバルブを持っているミネルバ、ヴォアザンがある。
　バルブレスのトロージャンというのがあるので、資料をいろいろ調べたら4気筒
の2ストロークだった。
　面白いのは各車の価格で、この時代はロールスロイスやイスパノスイザのような
高級車は、ほとんどがシャシーのみで売られ、お客は自分の好みのボディメーカー
に特注のデザインを作らせていた。ボディはシャシー価格のおおよそ1/4から1/2ぐ
らいで作られた。
　最低価格車はオースチン7の自社製オープンボディ付で105ポンド、最高値はブガ
ッティー・ロワイアルのシャシーが5250ポンドだから、ボディを乗せた完成車は8000
ポンドにもなったことだろう。シャシーのみで5250ポンドはロールスロイス・ファ

43

ントムⅡシャシーのちょうど3倍にあたる高値で，たった6台しか作らなかったといわれるロワイアルの売り先が少なくて，エットーレ・ブガッティが苦労したという逸話もうなずける。

　当時の最安価から最高値の間には約80倍の開きが見られるが，これは現在の軽四輪とニューブガッティEB・110程度の差だろうか。

　もうひとつ驚くことは，この1933年度のリストのイギリス車名で現在残っているのはオースチン，デームラー，MG，ローヴァー，ロールスロイス，ベントレーのみで，ジャガーはまだなくS.S.と呼ばれており，しかも今はこれらのメーカーはすべて他の大資本の下に組み込まれていることである。

　戦後のイギリスでのバックヤードスペシャル的な小規模な自動車の製造もまた大変な盛況となって，しかもそれらのほとんどのものがFRPボディを載せていた。これらのひとつひとつに解説を述べていれば一冊の本になるくらいなので，主なものだけ採り上げることにする。

■ ロータス

　バックヤードスペシャルから始まって高性能スポーツカーの生産，販売に早くして成功し，レースでの成績をあげてますます名を高めて堂々世界の一流企業と並び称されたのは，ロータスを除いてはないだろう。

　創立者のコーリン・チャップマンは第2次大戦が終わった1945年に大学に入って，学生時代にオースチン7のシャシーでトライアル用スペシャルを自作し，多くのイベントに出場して好成績を上げたことは有名な話である。後に薄肉鋼管フレーム，英国フォードのサスペンション，モーリス・マイナー，オースチンA40，フォード・コンサルなどのエンジンとさまざまなチューンの組み合わせで1957年に発表したロータス7は，全くのイギリス風硬派型スポーツカーの原型のようなオープン2

ロータス7。最初のモデルはモーリス・マイナーの750cc小エンジンから始まり，次第に容量の大きいものが載せられ，硬派のスポーツカーへと変身していった。

座である。このときにはFRPで作られたボディ部分はフロントフェンダーと，ボディ前部のノーズカウルだけだったが，後にボディコックピットもリアフェンダーと一体型となった。そして，製造元と名称がケイターハム7となったことも周知の通りである。

　同じ年にチャップマンが放った快心のヒット作，**エリート**はフレームレスのFRPモノコックボディで，全く飾り気のない率直なデザインは，流れるようなスマートさと隙のない気品さえ感じさせる珠玉のような2座クーペである。

　ボディは3層の構造からなり，外側のボディシェルが大きいフロアパンの上にかぶせられる。パンの前後にフェンダーの内側となる大きいドームが一体成形されて，4個のホイールはその中に組み込まれる。ボディシェルとパンの間には，ルーム内側のフロアとトランクフロアが一体になった層がはさまれて組み立てられるので，基本的にFRP成形時の作業面，つまり型に当たっていないザラザラ，デコボコの面が人の目に触れないようにすべて隠されて作られている。このあたりが，FRPの欠点でもある作業面の汚れを内側に隠しながらフロアパンを2重にして強度をもたせるという巧みな設計の特徴である。

　1インチ（約25mm）パイプでウインドスクリーンを取り囲む枠が作られ，内側のフ

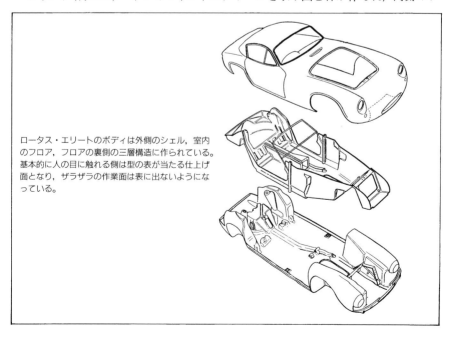

ロータス・エリートのボディは外側のシェル，室内のフロア，フロアの裏側の三層構造に作られている。基本的に人の目に触れる側は型の表が当たる仕上げ面となり，ザラザラの作業面は表に出ないようになっている。

ロアパンに接着されており，その下端には垂直に立つ1.5インチ（約38mm）角パイプが
つなげられウインドスクリーンの補強と事故の際のロールバーの役目も兼ねている。
しかも，角パイプにはドア蝶番が取り付けられてドアを支え，その下端はジャッキ
ングポイントになるという，実に合理的な構造に作られている。この角パイプから
前方に縦のパネルがあり，エンジンルーム内の隔壁となり，先がせばまってラジエ
ターを支えながらエアダクトとなって外側シェルのグリル開口部へつながる。ラジ
エター支持部には金属板製のフロントサスペンション補強用のサブフレームがあり，
下側のフロアパンとの間にはさまれて成形される。

　また，2つのシートの間には角断面のプロペラシャフトトンネルがあって，トラ
ンクフロアへつながっているが，これもバックボーンとして強度を受け持っている。
ディファレンシャルはフロアに固定され左右にドライブシャフトが伸びる。初期に
はデフの取り付け部でボルト孔がえぐられてしまう欠点があったが，後にFRP層の
間に鉄板を埋め込んで成形し，それを貫通してボルトを通すことで改善されたとい
う。

　これはFRPパネルにボルトで部品を取り付ける際に良く起こる問題なのだが，い
くつかの対策があり，それはボディ成形の項で述べる。

　エリートはFRPの特徴を最大限に生かし利用しているばかりでなく，デザインが
優れているのは既に述べたが，シートの座り心地とドライビングポジションが非常
に良いことも，この車の評価を大いに高めている要因でもある。着座姿勢は体が包
み込まれるようにしっくりとして，ペダル類やステアリングへのアプローチも良い。

　1960年代のある自動車誌にエリートのボディシェルは1.5〜2.0mm厚であると書い
てあったが，それはシェルの最も薄い個所のことで，強度を担う2層のフロアパン
はずっと肉厚に成形されているだろうし，デフ取り付け個所は9mm厚に達している。

ロータス・エリートの傍らに立つ
誇らしげなコーリン・チャップマ
ン。英国製スポーツカーとして非
常に優れたデザインを見せている。

ある時に転倒事故でルーフが壊れた状態を見たことがあるが，隠されているはずの内側に樹脂だけが流れて固まっており，"ああ，エリートもやはり人間の手で作られているのだ"と何やら安心した覚えがある。

　それでも重量は600kgを切り，これに1.2ℓ76馬力，コヴェントリークライマックスのエンジンで200km/h近い高速を走れるのである。

　エリートについであげられるのは**マーク23**である。FRPボディを持った純レーシングカーを採りあげていたらきりがないが，これだけはここに入れたい。
　1962年に発表されたオープン2座で当時の規定ではグループ7に属するレーシングスポーツで，細い鋼管スペースフレームに全輪コイルスプリングのサスペンション，エンジンはフォード・コスワース1.1〜1.6ℓを数段階のチューニングでミッドシップに置く。極く低いボディなので上から見るとひどく平たいが，前後のカウル，左右ドア，フロアパンとシンプルな構成に作られている。ボディ上面のアウトライン，ドアの切り方，ドアシルからリアのカウルへつながる水平の分割線，リアのホイールアーチの形など従来のレーシングカーデザインと全く違う新しさがある。レーシングカーを成績でなくデザインで見るのは見当はずれのことだが，美しい形は機能にも優れている，という今世紀半ば頃からいわれ出した工業デザインに対する評価がまさに当てはまる製品でもある。この車は1963年の第1回日本グランプリ以降我が国にも数台が入り，実戦でも良い結果を残している。

　マーク26エランもまた，エリートについで路上で乗れるオープンスポーツカーとして良く知られている。1962年に出たエランはエリートと違って鋼板を組み合わせた角断面のX字型のバックボーンフレームがあり，前方の股にエンジン，ミッショ

ロータス23。鋼管フレームにFRPのフロントカウル，リアカウル，左右ドア，ドアシルとセクションごとにパネルを取り付けるシンプルな構造になっている。初めて見たときに従来と全く違う考え方のレーシングカーという印象が強かった。横から見た輪郭線，前後のカウルドアの分割線などが非常に新鮮なデザインを見せている。

ロータス・エラン，マーク26。ス
ムーズなボディ曲面は空力的にも
造形的にも優れて見える。トップ
を上げると幌骨の数が少ないので
ゴツゴツとした感じが輪郭線を損
ねている。しかし，ドライバーの
ヘッドクリアランスを確保するの
にはやむを得ないのだろう。

ロータス・エランのフレーム。箱型断面形の
鋼板製バックボーンフレームはY字型の前端
にエンジンを置き，Aアームとコイルでリア
サスペンションを構成している。このように
完成したフレームの上に載せるFRPボディは
ずっと楽な条件で作れる。

ンをはさみ込んでいる。全輪コイルのインディペンデントサスペンションを持ち，
エンジンはコヴェントリークライマックス1.6ℓDOHCを標準としている。

　ボディシェルはやはり全く飾り気がないが，全体にわたってふっくらとしたなだ
らかさと適度な引き締まりが何のケレン味もなく極めて魅力的である。コンヴァー
チブルが多いが，ハードトップも付けられる。

　我が国にも多く入っているはずだが，路上ではほとんど見られず稀にサーキット
かヒストリックカーのショーなどに現れる程度である。

　シリーズナンバー46は個有名ロータス・ヨーロッパで呼ばれる。クローズドキャ
ビン2座でミッドシップにエンジンを置いたスポーツカーだが，レースでも活躍し
た。エランのバックボーンフレームを前後逆にしてYの字を後ろへ向け，DOHCに
チューンアップした1.5ℓルノーR16のエンジンを置いている。フロントカウルもキ
ャビンのルーフも極く低い姿勢の割には背中のエンジンボンネットが高く平たくて
横長のリアウインドからの後方，斜め後方視界がひどく悪く，市街地での運転には
大変気を遣った記憶がある。個性的なデザインは魅力があるが，ユーザーが一度手
にしても馴染めずに恐れをなして手放す場合が多いのか，中古車の広告がたくさん

ロータス23のカウルを開いたところ。ロータス23は前後の大きいカウルと左右の
ドア, ドアシルという具合に6個のカウルパネルでボディシェルが構成されている。

見られた時期があった。

　ロータスはそれから**エリーゼ, エクセル, エスプリ**などのモデルを出しているが, チャップマン亡き後のデザインはいわゆる並のスーパーカーになり, 興味が持てなくなってしまった。

　FRPモノコック構造はこの素材を使っての大変面白い課題だと思うが, ロータスではエリートで試みただけで, 後の例ではすべて鋼管スペースフレームか, 鋼板組み合わせのフレームにサスペンション, パワートレインなどを取り付けてシャシーを完成させ, その上にむしろ軽いボディシェルを載せて工作を容易にしている。

■ デームラーSP250

　ジャガーに吸収されたデームラーが1960年に出したオープン2, 3座FRPボディのスポーツカーだが, 如何にもデザインが悪い。前方に滑り下りてくるボンネットノーズの先の平たいグリルは鯰の口元のようで, フラッシュサイドに段だけ付けたフェンダー, リアには形の悪いフィンさえ見えて良いところはひとつもない。V8,

デームラーSP-250。1959年に発表
されたこの車は, エンジンがV8の
2.5ℓで評判が良かったが, シャシ
ーはトライアンフTR-3のコピーで
ボディは何ともまずいデザイン,
とイギリスの解説書にまでも書か
れている。

49

ジェンセン。最初のFRPボディを
持った生産型。

2.5ℓ140馬力のエンジンのおかげで走りは良いとのことで，イギリスではひと頃警
察のパトロールカーに使われていた。

　このエンジンはジャガー・マークⅡと同じボディに載せられ評判が良かった。

■ ジェンセン

　リチャードとアランのジェンセン兄弟によって1936年に始められた小メーカー
で，イギリス風デザイン，アメリカンエンジンの組み合わせで，比較的大きいサイ
ズのスポーティカーを手作りしていた。1954年にトレイフレームにFRPボディを載
せた514サルーンで新型を登場させている。

　エンジンはV8のクライスラー6ℓを使用している。ヘッドランプの配置を当時の
クライスラーに似せた逆ハの字型が外観上の唯一の特徴のほか，特に見るべき個所
はない。イギリス車でジャガーXK150と同じ1957年に全輪ディスクブレーキを付け
たり，ロールスロイスのオートマチックトランスミッションを載せるとか，四輪駆
動を試みるなどで価格は大変高いものだった。

　1967年にはイタリアのコーチビルダー，ヴィニァーレのデザインのスチール製ボ
ディに変わってしまった。

■ その他のイギリス製FRPボディ

　上記のように名前が知られ比較的安定した生産を続けていたメーカーの他に，小
規模ながらもFRPボディが登場し始めた1950年代から現在までも続いているマルコ
スやTVRがあるが，最盛期にはイギリスだけで20社以上を数えたパイオニアたちは
ほとんどが数年，長くても10数年の期間しか続かないで消滅した。

　バークレーはイギリスでのFRPボディとしては割に早い時期の1956年に登場し，

最初のモデルは2サイクル328ccのエンジン，翌年に492ccを搭載していた。サイズと形はホンダS600と大体同じぐらいだったが，仕上げは素人くさい粗雑な個所が目についた。当時東京に一台あり乗ってみたことがあったが，アルミニウムのフロアにボディ裾の接着面が見えていたりした。

　マルコスは少し遅れて1959年に出た。船舶用耐水ベニアを組み合わせたシャシーが珍しく，1963年の第1回日本グランプリで初めて我が国にも姿を表し好成績を上げ，FRPボディとの特異な組み合わせで興味をひいた。エリートの設計に加わった

バークレイは1956年に発表された。軽合金フレームにFRPボディが接着されているが，内部には未だ作業個所の見える状態が残っていた。ボディ寸法は3.12×2.17×1.05mだからホンダS600よりひとまわり小型である。

ベニア合板のセンターフレームにFRPボディというユニークな構造のマルコスは，1964年の第2回日本グランプリに登場した。70年代になって合板フレームをやめ角パイプのスペースフレームになった。

マルコスのセンターフレームは耐水ベニアを組み合わせて作り，それに角パイプ製のサブフレームが取り付けられてサスペンションが組み付けられた。

初期のTVRは全長3.5mとコンパクトにまとめたのは良いが、全高が1.2mもあり、縦横の比率はスマートとはいえない。MG-Aのエンジンを載せているので活々とした走りを見せ、会社の経営も成功し1954年以降現在まで生産を続けている優良株である。

航空力学の専門家フランク・コスティンがマルコスの設計に手を貸しているというが、エリートに見られる輪郭線のスムーズさ、曲面の美しさ、デザインモチーフとなるボディ分割線の入り方などの優れた造形の特徴がマルコスのデザインに表現されていない。

TVRはデザイナーであるトレヴォール・ウィルキンソンの名前（Trevor）から取った命名である。1954年に試作を始め4本の鋼管を縦にしたバックボーンフレームに全輪インディペンデントサスペンション、MG・Aのエンジンを載せクーペタイプのボディを付けた。当時の『モーター』誌の評では、〝小さくて喧しいがエネルギーに溢れ、ドライブするのに楽しい車〟といっている。

全長3.5m、全高1.2mの比率はいささか寸詰り、腰高の感があり、キャビンの後端からリアウインドへかけて急に下へ降りているのが何やら背中をそぎ落とされた感じがする。テールが機能的な意味を持たずただ長いのは良くないが、短くまとめるのにも少し工夫が欲しい。

TVRは手作りスポーツカーの熾烈な競争に勝ち抜き、現在まで活動を続けている数少ないワークショップのひとつである。

1930年代にローレイというなかなかスマートなボディの前輪1輪の小型3輪車があり、当時のイギリス誌で良く見かけていた。戦後リライアント・エンジニアリン

リライアント・シミターGTE。サイドの輪郭線はスマートで、理想的なスポーツワゴンとの評判が高かったのに短命で終わったことが惜しまれる。

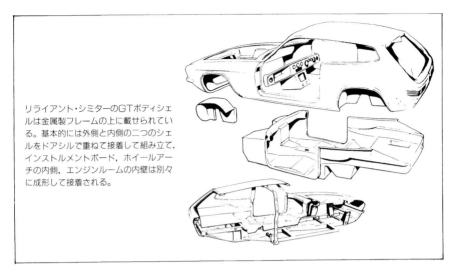

リライアント・シミターのGTボディシェルは金属製フレームの上に載せられている。基本的には外側と内側の二つのシェルをドアシルで重ねて接着して組み立て、インストルメントボード、ホイールアーチの内側、エンジンルームの内壁は別々に成形して接着される。

グの名称になり、1960年代後半にFRPボディのリライアント・シミターGTを発表した。フレッチャー・オーグルのデザインになるこのスポーツワゴンは梯子フレームに支えられたFRPボディのアウトライン、サイドウインドの切り方など非常にスマートで、強力なフォード製V6、3ℓのエンジンとの組み合わせは高い評価を得た。

1980年代後半に、日本クラシックカークラブメンバーの中内康次氏がこの会社の権利を取得し、イギリスで40台ばかりの生産を続けた時期があったが、現在は存在していない。イギリスのアン王女はこのシミターを愛好されていたという。

アーノットを作ったワークショップは1951年の早い時期にダフネ・アーノットという女性が始めたと記録にある。鋼管フレームにトーションバーのサスペンションを付け、FRPボディを載せているのだが、このデザインは何とも奇妙な形をしてい

アーノット・クライマックス。イギリス人がレーシングカーのボディデザインにいかにユニークなセンスを発揮するかという好例。この珍しいものが日本にも入ってきた。

る。ボンネットと左右フェンダー，フロントのノーズとの境がなくズルズルと曲面がつながって，ノーズのグリルは平たい楕円形で極く低い位置にある。

それぞれのモチーフの間に，たとえばボンネットとフェンダーの境を見せる分割線とか，エッジとか間を区切る谷間などが作られてなければデザインではない，と断定するのも問題だが，少なくとも造形的な曲面構成を考えるにあたって少しは主張を持った，ある緊張感が欲しいと思う。

6年間ばかりの活動期間で25台あまりの生産だが，その中の1台は我が国に最近現れ，アマチュアのレースに参加している。

イギリスには，これらの他に小規模のワークショップが多数あるが，どうも興味をひかれるようなボディデザインは見あたらないので名前をあげるだけに止どめる。

ボンド・ミニ。前輪一輪，後輪二輪の可愛い三輪車だが，フロントにエンジンとミッションがあり，リアドライブとなっている。

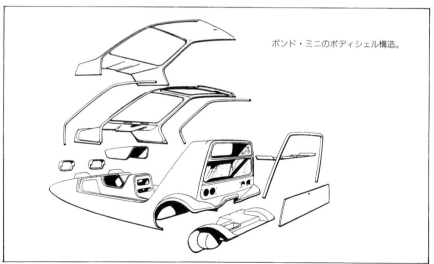

ボンド・ミニのボディシェル構造。

ジネッタ。1957年にパイプフレームにフォードのエンジンを載せたシャシーにFRPボディを付けたものから始まった。多くのレースで好成績を上げ、後にはフォードV8のような大きいエンジンまで積んだ。

ターナー。キャビンのピラーが細くウインドの面積が広く視界は良いが、安全強度に問題があるかも知れない。

　規模が小さかったとはいえ、数年間の経営を維持できたのは、これらの車がレースやラリーで好成績をあげていたのが評価されたためである。イギリスではサーキットでなくとも週末になるとアマチュアの小レース、ラリー、ヒルクライムが数多く開催され、バックヤードスペシャルの活躍できる場と機会が容易に得られるし、この伝統は長く現在まで続いている。大メーカーの車が出場するルマンやグランプリばかりでなく、地方の小レースであってもイベントでの評価が如何に世の中にアピールするのかという証明でもある。以下それらをあげると、

　アシュレイ(1958～'61年)、ボンド(1949年～)、エルヴァ(1955年～)、フェアソープ(1956年～)、フリスキー(1957～'64年)、ジネッタ(1957年～)、GSM(1958年～)、ヘロン(1961～'65年)、オッパーマン(1956～'59年)、ピール(1962年)、ピアレス(1957～'60年)、ロックデイル(1957年～)、ターナー(1951～'66年)、ユニパワー(1966年～)、ファルコン(1958～'64年)などがある。

■ フランスでの活動

　フランスは19世紀末から今世紀初めにかけて自動車の開発については何人ものパイオニアが輩出し、現在の自動車の基本型を確立させた高度な先進技術のレベルを誇っていた。また、ブガッティ、イスパノスイザ、シトロエン、ルノーなど他にもユニークな企業が多くあり、世界の自動車業界の中でも特に渋い伝統があるのに、

第2次大戦後におけるバックヤードスペシャル的な活動はほとんど見られない。

　1930年代にヨーロッパで艶やかな姿と高性能を見せていたフランスのスポーツカー、スポーティーサルーンのメーカーは戦後になってそのほとんどが消滅した。しかし一方、新しく登場したわずかの小企業のうち3社、アルピーヌ、D・B、マトラなどがそれぞれFRPボディを採用し、再び気勢を上げている。

　アルピーヌは1955年にミレ・ミリアにデビュー、翌1956年と続けてクラス優勝を果たした。最初のモデルはあの有名な小型経済車ルノー4CVのエンジン、コンポーネンツを多数流用していたが、後にルノー8、16までに拡張され幾段階のチューンがあり、最強力の3ℓ、V8DOHC、ゴルディーニチューンもあった。

　ボディデザインは、1960年に出たプロトタイプA108以降、全く同じコンセプトのもとに作られている。リアエンジンにもかかわらず幾らか長めのボンネットで先端が前方に突き出ていて、キャビンからテールへかけてのアウトラインがスムーズで美しい。

　1969年にはボンネット先端に一対のドライビングランプが埋め込まれ、アルミホイールが付き、一層精悍な姿になった。

　アルピーヌのボディはフロントのセンターにナンバープレートを付け、左右にバンパーが分かれて、フロントホイールアーチの部分まで伸びている。バンパーの陰をのぞいて見ると、その個所で上下のボディシェルを最中のように合わせて結合している。FRPボディに限らずパネルは部分的に作ってつないで組み立てるのだが、FRPの場合、結合個所は雌型の分割線にもなっているわけで、表面の仕上げをスムーズに見せるのに苦労するところでもある。その結合線をボディの端から反対側までをバンパーとナンバープレート取り付け台でカバーし、仕上げの工程を少なくした設計はFRP成形に熟知したもので感銘を覚えたことがある。

アルピーヌ・ベルリネッタ。ボディ全体にスムーズなラインと曲面を持ったデザインが好ましい。

ドゥチュ・ボネ。ゆるやかな曲面の
ボンネットにヘッドランプの透明
なカバーがかかり，ファーストバ
ックのテールへかけても全体がス
ムーズなデザインで好感が持てる。

　D・Bはワークショップの創立者，シャルル・ドゥチュとルネ・ボネ2人の頭文
字を合わせて命名された。彼らは大戦前の1938年からシトロエン11CVをベースにし
てスペシャルを作っていたフランスの中での異色グループだった。

　戦後1947年に再び活動を始めディナ・パナールのエンジンを乗せたレーシングス
ポーツでルマンに挑戦し，1954年から'61年の間に数々のクラス優勝，加えて5回性
能指数賞を獲得している。

　FRPボディは1955年になって採り入れられている。丸味の多いク　ぺで余計な凹
凸がなく，大変素直な曲面のデザインが好ましい。レースとラリーでの成績が素晴
しかったのに1961年にDとBのコンビネーションは解消された。

　マトラは1965年に登場という比較的後発だが，これというのもさきのD・B解消後
のルネ・ボネがデザインをエンジン・マトラ社に譲り渡してからできたのがマトラ
である。エンジンはチューンされたルノーR8，またはフォードV4，1.7ℓを使って
いる。レース成績は1969年ルマンでの4，5，7位入賞がある。クーペボディのM530
は大きい曲面を鋭いエッジで区切り，ボンネットとヘッドランプリッドの分割線が
非常に大胆で，幾らか前衛的なあくの強さを見せているところがフランスらしい。

　フランス製FRPボディ車はこの他に，ソヴァム，REACというのがある。REAC
はカサブランカで1953年〜'54年の短い間だけ存在しているが，大きく凹面にえぐら
れたサイドパネル，いささか不気味なくらいのボンネットとノーズの形はあまりに
も他人の思惑を気にしていない。

■ その他の各国の製品

　ドイツのFRPボディ生産について，僕はほとんど聞いていない。唯ひとつブリュ
ッチュというのがあったが，1951年〜'57年の間に作られたドングリのような超小型
車で，3輪と4輪がある。最小モデルは50cc2サイクルエンジンで全長は1.7mに満

ドイツ製ブリュッチュ。ドイツではFRPボディはごく少ない。アマチュアのものとしてはニュースは聞いたことはなかった。1957年型。

三連のロータリーエンジンを付けたベンツの試作車C111はオレンジ色のボディのものが一台，東京でも紹介された。ミッドシップのエンジンは600cc×3でもレシプロの3.6ℓに相当，280馬力を出すという。フロントのノーズは滑らかな傾斜で低く下がり，凹面になっているドアパネルがそのまま後方のエアインテークへの風の流れ道になっている。この未来的なデザインに発表会会場で僕は何時までも見続けていた。

ポルシェカレラ904は1963年登場，早くも翌年の日本グランプリに式場壮吉氏の手により出走，前日の予選で事故を起こしたが，FRPボディを一夜のうちに修復し本戦で優勝をさらったのは有名な語り草となった。鋼板フレームにボディを接着してあるので，剛性はきわめて高いが，現在これをレストアする場合ボディをはがすのに苦労するといわれる。

たない。1人乗りでルーフもトップもなしで，ミッションは3段ながらリバースはない。乗っている姿は卵の殻に入った人のようである。

　一時期，超小型車に興味を持っていた僕は学生時代にこの写真を見て，非常にシンプルなドングリ型デザインにむしろ新鮮さを感じていた。

　その他ベンツが1970年代にロータリーエンジンを乗せたプロトタイプ**C111**，ポルシェは第2回日本グランプリで有名になった**904**を始め一連のグループ6，7のレーシングカーボディにFRPを採用している。

　スイスで独り気を吐いていたのは**エンツマン**である。フォルクスワーゲン・ビー

エンツマン。フォルクスワーゲンのトレイフレームに載せたボディで、FRPでこそ可能な一体成形の利点を素直に巧みに用いている。

トルのトレイフレームを利用したオープン2座のこれまた相当な唯我独尊的デザインを見せているのが面白い。

　フロントにはエンジンがないのでボンネットはスムーズに下りてグリルもない。リアはエンジンボンネットがやや高いデッキを作っている。ドアがないので乗るためにはサイドをまたぐのだが、横腹に足を掛ける大きめの凹みができている。トップは後方にスライドするように見えるが、雨の日は乗り降りでコックピットが濡れることだろう。ご婦人は困るかも知れないがもっとも裾の長いドレスでこんなスポーツカーに乗ろうという人もいないだろうし、そんな人の心配を全然考慮しないデザインも小気味が良い。FRP成形ではボディサイドにこんな足掛かりの凹みを一体成形するのは容易なことで、この形を鈑金で作ろうとする方がはるかに厄介な作業である。

　1.3ℓでチューンアップしたモデルは時速100マイル（165km/h）を超すという。生産量は10年間で100台にもならなかった。

　イタリアには古くからデザインセンスとアルミニウム叩きで腕の良いカロッツェ

フェラーリF40。リアの高い位置にスポイラーを付けているのが外観上の特徴となっている。

リアが多いからFRPボディが育つ余地はないと思っていたが，思いがけずフェラー
リが幾つかこの新しい素材を使っていることを思い出した。**ディーノ246，308**など
が一部FRPで作られている。そういえば**F40**もそうだった。

Ⅴ. 日本におけるFRPボディ車

■ FRPとの出会い

　自動車のボディがプラスチックを材料としてアマチュアの手でも作れる，という
ことを僕が初めて知ったのは1952年の頃である。

　たまたま入手した外国の自動車雑誌にPlastic car made by fiberの一行があった
が，プラスチックはどんなものなのか，ファイバーとは何か全く分からなかった。
子供の頃から自分の手で自動車を作りたい，という夢だけで芸大の金属工芸の技法
を学ぶ科へ入ったのだが，鋼板やアルミニウム板で形を作るのはどんなに大仕事か
が分かりかけた頃に，アマチュアが自分の手でスポーツカーを作ったという記事は
非常な衝撃だった。それまでは手にしたこともなかった化学の専門書を買い，化学
雑誌を漁って，素材は不飽和ポリエステル樹脂とガラス繊維であることを突き止め，
著者を探しに理化学研究所に押しかけたり，出版社へ記事の内容を聞き直しに行っ
たりした。当時は日本のメーカーはどこもポリエステル樹脂を製造しておらず，東
京で唯一の商社が見本に輸入をしているだけだった。

　そこで教えられてさっそくわずかの分量を注文したのだが，ずい分高価なものと
感じた覚えがある。輸入商社でポリエステル樹脂成形を書いた英文の説明書をくれ
たが，簡単な内容の上に使用する薬品類，硬化剤や脱型用の離型剤などを本国で使
っている商品名で記してあるためにそれらの成分が全く分からず，しかも少量では

手に入らず実に困った。

　何とか材料を整え，空缶の蓋を型にして成形の実験をしたが，樹脂がどうしても硬化しない。大学の化学実験室の机の上で試していたのでそのまま置いて帰宅したが，翌日来てもまだ固まっていない。気温が高いと硬化が早まる，と説明書にあったのでランプで加熱したら間もなく固くなった。液状の樹脂が固体化した状態を初めて目にしたのでずい分感激したが，繰り返して試みた実験でもランプで照射しないと硬化が始まらなかった。

　美術系の芸大に化学実験室とは奇妙かも知れないが，デザイン科のために塗料の種類とか塗装の技法，さまざまな工芸材料にそれらの加工法や工作機械に就いての工芸機械という講座があり，僕には非常に興味のある授業だった。

　当時芸大は新制大学になったばかりで，金属工芸科はいわゆる伝統工芸の気風が強く，学生たちもまだひどくアカデミックな者が多くて，この講座は聴講生が極くわずかしかいなかった。時には学生が僕一人という日があって，研究室で先生と向かい合って話を聞くような贅沢な授業もあった。

　その若い先生とは大変仲良くしていただけたので，僕は化学実験室の出入りは自由だったし，化学の先生さえまだ知らないポリエステルの実験をしていることがひそかに自慢でもあった。

　ちょうどその頃，デザイン科の学生をひきつれて神奈川県の田浦にある関東自動車工業㈱を訪れる見学会があったので，僕も大喜びで参加した。僕にとって非常に幸運なことに関東自動車ではそのときにFRP成形でボートを試作していて現場を見ることができた。長さ４〜５mばかりのボートの雌型の中にガラス繊維を張り込んでいる状況を目の前にして非常に興味を覚えた。そして自分も小さい実験をしたのだが，樹脂が固まらないと話して助言を求めたときに，硬化のためには樹脂に硬化剤と反応を早める促進剤が必要なことを教えられたのだった。

　輸入商社の営業マンは成形に必要な薬品類の性質や使用法を正確に知っているわけではなかったので，こちらが実験を失敗したことについて問い合わせても何も説明ができなかったのである。

　硬化促進剤をどこで入手できたか記憶にないが，それからの成形実験は失敗することなく，次は電気スタンドのランプシェードを作って学内の展覧会に出品した。

　僕は1953年に学部の金工科を卒業し，1955年に専攻科の工芸計画科を修了して長かった学生生活を終えたが就職もできず，今でいうフリーターのようなことをしていた。しかし，FRPに関しては最大の関心事で，情報は注意して集めていた。

僕が大学卒業前年の文化祭校内展に出品した初のＦＲＰランプシェードである。石膏原型，同雌型の中に作ったもので，薄手のマットのみの成形，厚みは２mm弱だが，大変丈夫であった。ランプスタンドは真鍮製のカーテンパイプを曲げ加工したものである。

1954年に本田技研が突然FRPボディのスクーター，**ジュノー**を発表し翌年にいち早く発売を始めたのは非常な驚きだった。数が少なかったので街にはほとんど走っていなかったが，たまたま置いてあるのを見付けてしげしげと眺めた。デザインはスマートというには少々かけ離れた感じで新鮮には思えなかったが，ボディの裾に触れて見たらその肉の厚さに驚いて，こんなに丈夫に成形しなければならないだろうかと疑問を持った。

というのも，以前に関東自動車を見学したときにFRPでボンネットが１枚試作されていて，これが少なくとも８〜10mmくらい厚く作られているのを見てあまりの肉厚に不審に思ったものだった。

僕がランプシェードを作ったときには，高価な材料をケチに使ったこともあって成形時の肉厚は２mmにもならない程度にしたのだが，それでも木槌で叩いても，その上を足で踏んでも壊れなかったことから見ても，そのボンネットは厚すぎるのではないかと考えた。

メーカー側でも成形品の強度試験のデータは充分になかったのだろうし，必要以上の肉厚にして安全を考えていたのかも知れない。

■ フジキャビン

1950年代の前半，これは昭和20年代の終わり頃になるが，日産は戦前と同じ形式でダットサンの生産をようやく始めることができた。同じ頃，東京の大森にある住江製作所が日産の下請けで独自のボディデザインになる，手作りボディを架装したダットサン・スリフト，コンバーを製造していた。日産のものとちょっと違ったス

フジキャビンのカタログ。ボディ寸法、長さ295cm、幅127cm、高さ125cm、重量140kg、エンジン単気筒125cc、5.5馬力、カタログでは最高速60km/h、燃費40km/ℓとある。

フジキャビン。どんぐりのような小粒のボディは機能上、またデザインで見ても大変合理的に設計されている。卵の殻のようなFRPモノコックボディは、相当複雑な雌型で成形には苦労だったろうと想像される。

マートなスタイルでなかなかの評判だった。フライング・フェザーの開発とデザインで有名な富谷竜一氏の手によるものだったが、間もなく住江製作所はボディ生産を止め、富谷さんは独立されて**フジキャビン**の開発に取りかかることになる。FRPモノコックボディでゴムブロック圧縮サスペンションの3輪車、後輪の1輪を2ストローク125ccのエンジンで駆動する。

　小さくて丸っこい可愛いデザインのボディシェルはFRPの特性を充分に理解し、利点を採り入れた実に巧みな設計がなされている。

　薄肉のボディシェルは率直なデザインでしかも合理的であり、内側はフロントのグリル開口部から太いエアダクトがバックボーンを兼ねて縦に走り、リアエンジン

のための冷却風が中を通る。足先きの仕切り板がフロアへつながり，左右のシート
と一体成形されて後部のエンジンとの間にファイアーボードを作り，リアウインド
の下側に接続される。バックボーンとも接着され全体にボディ剛性を高めるのに大
変合理的な組み合わせとなっている。変わっているのはステアリング機構で，ハン
ドルではなく舟の梶棒のようなものが室内の真ん中にあり，右へ押すと右折，左へ
押すと左折する具合だった。これでは舟の舵とり感覚と逆だということで次は右へ
押すと左折，左へ押すと右折にしたという。理屈では分かってもこれは路上でドラ
イバーを混乱させ，富谷さん自身も切り間違えて立木に衝突した，と後に書いてお
られる。僕の友人は学生時代にこの試作車の走行テストをアルバイトにしており，
梶棒運転で箱根の往復をした。テストは6000kmに及んだそうだが，生産型にはやは
りハンドルを取り付けることになった。しかし，これとて丸ハンドルではなく航空
機タイプのくわ型のものだった。

　ミッションレバーはクラッチのオン・オフと一緒になっており，ドライバーシー
トの右側にあるレバーを自分の方へ引き寄せるとクラッチは切れ，そのままレバー
を前後させてギアを切り換え，レバーを外側に倒すとクラッチが入るという仕組み
だったが，これも相当に慣れが必要だっただろう。

　フジキャビンは我が国で初めて専門の自動車技術者，設計者の手で作られたFRP
車なのだが，この非常に合理的なシェル構造は逆に大部複雑な雌型が必要だっただろ
うし，成形に多くの手間がかかったことが想像される。それにもましてあまりにも
進歩的，前衛的過ぎた設計だったもので，当時の日本の情勢にうまく合わなかった
のだろう。生産量は多くはなかった。

　ちょうどその頃，僕の父親，浜徳太郎は自動車好きの若い人たちと一緒に戦争を
くぐり抜けて生き残った自動車，特に外国車を保存し研究し愛好するという主旨で
日本クラシックカークラブなるものを作って会長になっていた。

　クラシックカーという言葉はまだ一般的ではなかったが，優れた古典の意味で戦
前の名車といわれるものを指す，アメリカで作られた新語として理解されていた。

■ トヨペット・カスタム・スポーツ

　自動車の保存，研究といっても容易なことではないが，1955年頃，昭和30年代に
はそろそろ国産新車が出始めてきたし，幾ら名車といわれても長い年月を活動し，
殊に悪条件の戦中戦後を過ごしてきた車はほとんど満足な状態のものはなく，持ち
主にも見放される時期にさしかかっていた。

トヨペットスポーツ。1960年に久野自動車工業で完成させたクラウンのシャシーをベースにした4座のスポーティカー。僕が最初にデザインしたもので計6台を製造，販売した。

トヨペット・カスタムスポーツ。1960年1月に完成させ，久野自動車工業で発表会を行った。春先に写真撮影をし，これが日刊自動車新聞海外版，4月1日号の一面に載った。後にこれが英国のオートカー誌編集長ロナルド・バーカー氏の目にとまり取材を受けた。おそらく日本製スポーツカーで最初にオートカー誌に掲載されたものではないかと思っている。

　朝鮮戦争が終わり，これから日本の景気が好転しようというときだったので，鉄材を始め銅，真鍮の光り物，アルミニウムなどの値が高く，役に立たなくなった車はどんどん解体されていた。

　父は若い仲間と一緒に解体屋を渡り歩いたり，どこかで不要になったものがあると聞くと出かけて引き取ってきた。持ち主は不動車をもらってくれればもっけの幸い，という雰囲気だったので買い値もわずかなものだったし，それに自宅の庭が大

部広かったので置き場所はなんとかなった。

「みつけたらとにかく買っておく」というのが父の口癖だった。

　そのクラシックカークラブのメンバーに東京飯田橋で中古車を販売していた久野
自動車工業㈱があり，専務に久野幸夫氏がいた。そこは東京トヨペット販売の協力
店でもあったので，トヨペットクラウンの中古車の情報が豊富にあった。当時クラ
ウンは例の観音開きといわれたRS40が画期的な新型車として人気が高かったのだ
が，その90％はタクシーに使われていた時代である。当然年式の新しい事故車も出
るようになる。そこで久野さんはボディ事故車のシャシーだけ利用してオープンボ
ディを持った２＋２スポーツを作ったらどうかと思いつく。当時久野さんの会社で

久野自動車工業の作業場で
トヨペットスポーツを３台
仕上げている最盛期の風景。
１号車のバンパーはFRP
で最中(もなか)の形を作り，
正面に真鍮の厚い板にクロ
ームメッキをしたものを取
り付けたが，手間がかかる
ので３号車以降はアルミニ
ウム鋳物にして，１個の形
を前後左右ひっくり返して
流用できるようにした。左
側のボディに付いているの
がFRPバンパー，右側のボ
ンネット上にあるのがアル
ミニウム製のものである。

ボディシェルのみが完成しシャシ
ーに載せたところで，ドアやボン
ネットの開口部はまだできていな
い。ウインドスクリーンはデザイ
ンに合わせて新規に作るので，カ
ーブを示す木型を先に作り，ボデ
ィに載せてデザインを確認してい
る。これは最初のボディなので，
ホイールアーチもまだできていな
い。これから石膏で原型を作り，
さらにもう一度ボディサイド面の
雌型を成形した。１号車のヘッド
ライトはフォードフェアレーンの
ものを使ったが，２号車からはニ
ッサンのバス用の縦型を横に向け
て取り付けた。

ボディシェルはもちろん，ウインドシールドのガラス，フレーム，幌，フロントのラジエターグリルから前後のバンパー，シート類，インストルメントボード，グローブボックスまで新しくデザインして製作した。自分ではこのアングルを大変気に入っている。トヨペット・カスタムスポーツの3号車である。

はアメリカ駐留軍が残していったMG-TD，TR2，3，オースチン・ヒーレーなども扱っていたが，それらはどれも2座席で，独身者には高価過ぎるし購売意欲と経済力をあわせ持つお客は家族持ち，ということで2＋2のスポーツカーがあれば日本の新階層向き，の発想が生まれたのだった。

　久野さんはそのことをクラブ会長だった父のところへ相談に来られ，誰かスポーツカーのデザインを製作するような人はいないだろうか，という話をされた。もちろん，僕はそれを聞いて大喜びで手を上げたわけである。

　当時僕は定職さえなかったのに，そして何のあてもなく無謀にも実車のサイズの原型を作れる大きさのアトリエを建てたばかりだった。実車のシャシーの寸法を計って図面を作り，ボディデザインを考えて石膏モデルを作るという，いわゆるカスタムカーのデザイン作業は学生時代から何度か繰り返していたし，実際に直面するさまざまな工作の問題点や経済面のことなどまるで頭になく，今から思えば半ば無責任とも見える気楽さで引き受けてデザインを始めた。

　それにしても一企業の専務である久野さんが，この海のものとも山のものともつかない人間に，このような大仕事を任せてしまったのも大英断という他はないし，多くの協力者の援助があって，この面白いプロジェクトが完成できて，そのお陰で現在の僕自身の第一歩となったわけであるから，久野さんには感謝しきれない気持である。

　1960年2月に完成し発表したこの車は，トヨペット・カスタム・スポーツと命名され，ちょうど同時期に開催された日本合成樹脂技術協会の展示会に出品して，製品コンクールで第1位，通産大臣賞を授賞した。

　この製作工程については後に各論の項目で述べることにする。

ニッサンは1957年にダットサンシャシーに載せた初のFRPボディ試作車を発表した。

■ ダットサン・プラスチック・スポーツ

　当時ニッサンは既にFRPの研究を始めており，1957年には試作車を製作し翌'58年にはダットサン210のシャシーをベースにしての生産を前提とした**ダットサン・プラスチック・スポーツ**，形式名SP211を発表した。発表会場は日本橋三越の屋上に設けられ，ターンテーブルに乗せられた国産初の本格的FRPボディを僕はいつまでも倦かず眺めたものだった。

　間もなくこのSP211の製作に携わったニッサンの斎藤義博氏，実吉郁氏らによる詳細なレポートが業界誌『強化プラスチックス』に発表され，非常に参考となった。

■ 手作りのレーシングカーなど

　1967年に僕はRQC（レーシング・クォータリー・クラブ）という，レース用品などの販売店を持っていたグループの依頼を受けて，ホンダS800のシャシーをベースに

ホンダSのシャシー。このボディは数本の止めネジをはずせばシャシーから下ろすことができる。自由なデザインのスポーツカーやレーシングカーを作るための格好のベースとなった。

したグループ7**コニリオ**を製作し翌'68年の11月富士フェスティバルにデビュー，優秀なドライバーを得て12月富士チャンピオンシリーズ戦で優勝，翌'69年には富士における日本グランプリに4台エントリーし，クラス1で1位，2位，そして性能指数賞をも獲得した。

　コニリオのボディは最初の1台は僕自身のアトリエで成形し，残り9台は茨城県にある昭栄ヘルメットの工場で製作した。そのうちの1台は後にクーペボディに改造し，現在は石川県の日本自動車博物館に陳列されている。

　さらに，RQCからは軽自動車用のエンジンを乗せたFJのボディデザインと成形の依頼があり，これは20台ばかりを製作し，惜しくも天逝したドライバーの故風戸裕さんも愛用してくれた。

コニリオ1号車が完成，1968年11月3日富士スピードウェイでの富士フェスティバルにデビューしたときの姿。ボディ向こう側右端がレーシングクォータリーの山梨社長，次がFRP成形作業で最初から手伝ってくれた彫刻家の若林さん，RQCの橋本専務，左端が制作者の僕である。ボディに車名が書き込まれ各種のゼッケンが貼られて大いにレーシングカーらしいムードであったが，デビュー戦での成績は振るわなかった。

1969年10月富士スピードウェイでの日本グランプリに，コニリオはクラス1（1150cc以下）に4台エントリーした。そのうちの2台がクラス1位，2位を占めた。クラス優勝車はここには写っていないゼッケン18のデイ＆ナイトで，ドライバーは黒須隆一さんだった。

コニリオの開発元であるRQCが解散後，ボディ後半部分だけが1個残っていた。1980年代に入りボンネットの雌型をクーペボディからもう一度再製して新しく組み立てた最後のコニリオ。ボンネット上のエアダクトの形がクーペ型になっている他はオリジナルである。しかし，ホンダSのサスペンションはそのままなので，レース仕様より背が高い。筑波サーキットのコース脇である。

コニリオクーペのボディシェルができたところ。いわゆるホワイトボディというわけで，これからシャシーに載せて部品を組み付ける。レーシングタイプではボンネット外への放熱が不十分だったので上面にエアダクトを設けた。フロントのガラスはブルーバード511輸出用を合わせ強化ガラスの隅を少々削って使った。

コニリオクーペのボディシェル。レーシングボディの上にキャビンを付けたが，ドアはルーフまで大きく切り込みを入れて乗り降りが楽になるように，またテールはナンバープレートが入る箱を作ったり左右に落とし込みの装飾を付けて変化を見せた。クーペになってもボディシェルだけでは80kg弱のものだった。

　当時はアマチュアの手作りのレーシングカーがサーキットで盛んに活躍していた時期で，林ミノルさんの**マクランサ**，三村健治さんや由良拓也さんの**エバ・カンナム**，本田博俊さんの**カムイ**などの懐かしい名前があげられる。

　ホンダS800のシャシーはこのようなカスタムボディのベースとして最適だったの

コニリオクーペは1台だけ成形した。石川県の日本自動車博物館でレストアが完成され、同館の附属建物明治館前で、1982年秋に撮影。コーリン・チャップマンがエリートの脇に立っている有名な写真に倣って、僕もクーペのドアを開けポーズをとった。

で、街の自動車修理店、鈑金塗装店でもいくつかのモデルが作られレーシングカーショーの会場を賑わしていた。

注目されたのは渡辺ロッツェリア、鈴木鈑金、ヴァンガードオートスポーツなどだが、デザインの斬新さと仕上げの美しさは由良拓也さんの手によるものが特出していた。

大手メーカーの参加もあり、ニッサンR380系、トヨタ7系、ダイハツP系、それにポルシェシリーズ、エランシリーズなど多く見られた。

ほとんど紹介されなかったアマチュアの作として最後にあげておきたいものに、榎本重雄さんのスポーツカーがある。大学の機械工学科卒なので大変緻密な設計のもとに作られ、パイプを組んだ本格的なフレームにルノー4CVのパワートレインを前後逆に据えミッドシップの2座にしている。ボディはもちろんFRP製で非常に低い形にできているが、ウインドスクリーンは既製のものらしくそこだけが必要以上に背が高くなってしまったのが惜しかった。

マクランサ。1960年代後半にアマチュア製作のレーシングカーが日本グランプリなどの大レースで活躍する場があった。林みのるさんデザインのマクランサは当時の花形のひとつだった。

　もうひとつは早稲田大学工学部学生グループの手になるカスタムボディである。
　1970年頃のもので卒業論文のテーマに自動車の設計を採りあげ、各自分担してエンジン，サスペンション，ボディの設計をしてこれらを実現させるために既存のシ

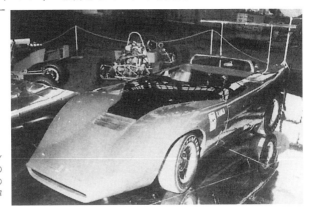

本田博俊さん製作のカムイ。ホンダS800をベースにした。ボディの仕上げが非常に良く，FRP雌型の合わせは水も漏らさぬくらい丁寧に作った.と語っていた。

エバカンナム。FJとグループ7のボディ。大胆なフロントウイングとスマートで美しい仕上げが印象的だった。

RQC製作のFJアウグスタ。スズキフロンテのエンジンを使用，ボディデザインは僕がやり，約20台製作。ホンダNのエンジンを架装したものも数台あった。

同じく1960年代後半に活躍していたカーマン・アパッチ。20年ぐらい経って再びサーキットにその雄姿を見せた。

榎本重雄さん製作のスペシアル。ルノー4CVのエンジンを利用している。

早稲田大学の学生の作ったFRPボディで，サイドに鋭いエッジをめぐらした個性的なデザイン。改造車の厳しい規制をクリアしてナンバーを取得したのは立派である。

ャシーに自作のFRPボディを載せたという。

　アマチュアの製作だけにデザインを飾ることなく卒直な形作りが面白い。ボディ中ほどに前後に通る急角度のエッジを通し，上下に強く絞った曲面が独特である。

　上の2車とも機械設計や強度計算に慣れているとはいえ本格的な資料を揃えて車検にいどみ，改造車の登録が困難だった時代にナンバーを付けるに至った努力が立派である。

Ⅵ. FRP成形の材料

1 ファイバー(繊維)について

　FRPは前述したようにFiber Reinforced Plasticsの頭文字をとったもので,Fiber
は繊維の意味で作るモノの丈夫さを受け持つ。Plasticsは繊維を固めてモノの形を保
つ糊の役をする。だからといって繊維と糊だけでモノができるわけではなく，形を
作るのには型が必要で，型の中に入れた糊を固める薬品，モノに色付けをする着色
剤，型の表面を正確な形にまた美しく仕上げるパテや塗料，型からモノを取り出す
ための離型剤などさまざまな種類の材料を揃えなければならない。

　まずモノの芯となる繊維について。FRPに使われる繊維は一般的にガラス繊維を
用いる。正確にはGFRPと呼ばれるように，これはGlass Fiber(ガラス繊維)を使っ
ていることを表す。

　ガラス繊維は純粋にガラスを極く細い糸にしたものである。図に示すようにまず
ガラスはマーブル(小球状)に作られ，それを溶解炉で溶かし，細い孔から毎分3000
m程度の速さで引き出すと5〜10μ，つまり1000分の5〜10mmの極細繊維となる。こ
れを約200本集めて撚り合わせて糸を作ると1本の木綿糸ほどの太さになり，これを
ストランドという。ストランドは白銀色の柔い手触りがあり手では引きちぎれない
ほどの強さを持つ。引っ張りだけでいえば鉄の3倍以上も強く，比重当たりで較べ
れば10倍以上にもなる。この性質こそがFRPが軽くて強いといわれる根拠である。

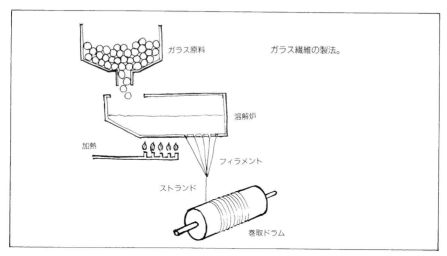

ガラス原料

ガラス繊維の製法。

溶解炉

加熱

フィラメント

ストランド

巻取ドラム

このガラスの糸，ストランドを元にしてさまざまな種類の繊維製品を作る。

■ マット（チョップド・ストランド・マット）

チョップド（切断された）ストランドによるマットという意味で，約50mmの長さに刻んだストランドを平面に無方向に散らし樹脂系の接着剤で軽く結合させ，不織布状にした毛布のような形にできている。

繊維が短くて方向性なく散らしてあるために引っ張り強度は大きくないが，重ね合わせて成形し，望みの板厚に作れることが基本的な特徴で，樹脂の浸み込みが良く，曲面の型内になじみやすいので，あらゆる手作業の成形に広く使われている。

マットは1㎡当たりのストランドの量により厚みと重さが自由に設定できて，どのメーカーもほぼ300～1200gの間で数種の製品を用意している。番手は重量当たりで呼ぶので，たとえば1㎡300gのものは＃300と表示され，＃450，＃600，＃750，

ガラスマット。長さ50mmに切ったストランドをたくさん集め，接着剤で軽く板状にまとめたもの。1㎡当たりの重量で番手を表す。ダンボール紙やベニア板を下に置いてカッターで切断する。

♯900，♯1200などが作られている。番手は作るモノの厚みによって選ぶわけで，手で成形する場合薄手のものは樹脂の浸み込みが早くて仕事はやりやすいが，必要な厚さにするためには何層も重ねなければならないから工程が増えることになる。また，厚いマットは裁断が少なくてすむ利点はあるが，浸み込みが遅いので手間取る，といった具合で，これは成形する製品の大きさ，形状などによって自分で使いやすい番手を決定する。普通は♯450程度が最も使いやすい厚みで，マット1層は約1mm弱の厚さに成形ができると考えて良い。

　マットはどのメーカーもほぼ1m幅と1.8m幅のロールにして，1本が1m幅で約28kg，1.8m幅で約50kgに作ってある。

　成形の段階でコーナー部，周辺部の補強，パネル同志の接着，補強材のオーバーレイなどに一定幅のテープ状マットを欲しい場合があるが，あらかじめそのように裁断してロールに巻いたものもある。幅は10cmから5cm刻みで50cmぐらいまでのものができている。これは大量に成形する場合に大変能率良く使えるのだが，普通は従来のマットを切ってテープ状にすれば充分である。

　マットはカッターナイフで簡単に切れる。不要のダンボールをまな板代わりに敷き，1m長さのスチール物指をガイドにしてカッターで切る。

■ クロース

　クロースはストランドで織った布である。

　同じ太さのストランドを縦横に交差させた織り方が最も一般的な**平織**である。使うストランドの太さで多少の厚みの差ができている。やはり1㎡当たりの重さで番

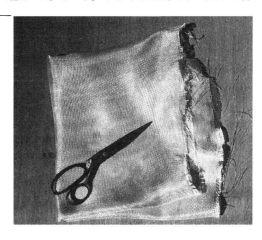

ガラスクロース平織。最も一般的に使われる1㎡当たり120gのもので#120と呼ばれる。カッターでは切りにくくハサミを使う。

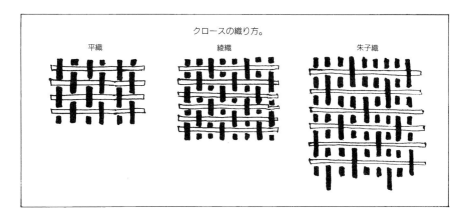

クロースの織り方。

平織 綾織 朱子織

手が付けられており，たとえば♯120は１㎡の重さが約120ｇで厚さは0.2mm強しかないから，１mm厚の成形をするのには何層も重ねなければならない。しかし，クロースはマットと違って繊維が連続しているし，クロースのみの成形品は同じ板厚でも繊維分の密度が高いので引っ張り強度は増大する。

　設計上の要求で必要な強度ためにガラス繊維の密度，つまりクロースを何層重ねるかは計算できるが，成形の時の難しさ，やさしさ，また作業する人の熟練度で差が出るのであくまでも目安と見ておくのが良い。

　ある程度の剛性を得るのには厚みも必要なので，クロースとマットを重ねて成形することが普通である。

　クロースは織り方によって縦横の糸目を規則的に飛ばして目抜平織，綾織，朱子織などのものができる。これらの織りは平織より柔軟性があり曲面形になじみやすい特徴がある。

　クロースは１㎡当たり約75ｇから約500ｇの間で数種類の厚さで，幅はどのメーカーもほぼ１ｍ幅に作っている。

　綾織や朱子織のクロースは平織よりも目が密になり，厚み当たりのガラス繊維含有率が高く，強度も高くなるが，それだけ樹脂の浸み込みは遅く作業が困難となる。

　これら変わり織りは工業的に同じ製品を大量に成形するのには形によっては適しているが，普通のアマチュアの作業には♯120程度の平織で充分である。

　クロースもテープ状に作られたものがある。幅は５cmから約30cmの間で数種類用意されている。厚さは薄手のもののみである。

　これも一定の製品を続けて成形する場合に接着用，補強用に用いれば便利だが，アマチュアの手作業に特に必要ということはない。

ロービングはストランドを多数集め紐状にして巻いたもの。繊維が連続していて一巻は相当な長さがあり、アマチュアの作業では容易に使いきれないが、コーナーの内側などの成形には極めて具合の良いものである。

ロービングクロース。ロービングを平織にしたもの。やはり1㎡当たりの重さで番手をいう。これは1㎡750gのもの。これもカッターでは繊維を引っ張ってしまうのでハサミで切るのが良い。

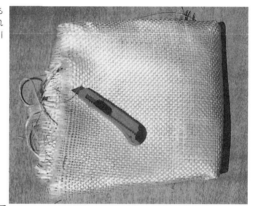

■ ロービング，ロービングクロース

　1本のストランドは木綿糸ぐらいの太さだが、これを数10本まとめると紐状になり、それをロービングと呼ぶ。1本の太さによって番手が異なり、荷づくり用の紐ぐらいから細引きほどのものまであって円筒状に巻いてある。

　ロービングは連続した繊維で工業用に使われるのだが、手作業の成形ではコーナーを作るのに有用である。雌型のコーナーの内角部分はマットやクロースを置いてもガラス繊維の弾力で浮き上がりやすく、すみまで繊維が行きわたらないことが多い。それが製品となったときにコーナーの外角部が樹脂だけになっていて欠けて傷ができやすい。コーナーに繊維を敷きつめるのに、このロービングを数本置いて成形するのである。

　ロービングは一巻きが約15kgあり、長さも相当な量でアマチュアはなかなか使い切れるものではないので、マットを幅狭く切ってコーナーを作る方法もある。これ

は成形の項で述べることにする。

　ロービングを縦横にして織ったものが**ロービングクロース**である。1本の糸が太いのでむしろ状の厚手のクロースができる。1層の成形で厚みと補強効果が得られ効率が良い。

　番手は1㎡当たり重量で表されるのはマット，クロースなどと同じで♯300代から♯800代まで数種類ある。

　縦横同じ太さの糸を使う平織が一般的だが，一方向に太い糸を本数多く入れた一方向織がある。これは，太い糸の方向に引っ張り強度が高く，工業用に一定の目的に使用されることが多い。

　アマチュアがFRP成形をするのには，今まで述べたガラス繊維製品の中でのマット，クロース，ロービング，ロービングクロースが揃っていれば，ほとんどの成形に充分である。

　専門の成形業者は作業性を高めるためとか，製品の表面の仕上げを良くするために加工された特殊なガラス繊維製品を使っている場合が多い。

■ ペアマット

　ボートや小型作業船，漁船など船艇関係の分野では，単純な形で面積の大きな成形時に作業効率を高めるために，マットとロービングクロースをあらかじめ貼り合わせたペアマットを使う。たとえば♯450マットと♯580ロービングクロースを合わせたペアマットは♯4558と表示され，1回の裁断で2層分のカットができて一度に成形できる。

■ サーフェースマット

　ポリバスやユニットバス，新幹線車両の洗面所の内壁面はほとんどのものがFRP成形品で，表面は塗装なしに仕上げられるように表面の樹脂に着色材が入れてあり，型から出したまま使えるようになっている。表面用の樹脂をゲルコートといい，ガラス繊維の裏打ちなしの0.3～0.5mm厚の樹脂層である。この樹脂はガラス繊維を固める積層用のものよりは硬度が高く傷がつきにくい。しかしその反面，表面にクラックが入ることもあるので，それを防ぐのに極く薄く柔かいガラス繊維を入れて塗り込めることがある。それがサーフェースマットで連続繊維の極く細いストランド

を薄く平らに拡げた製品である。1 m²当たりは10～30gと極めて軽く，クロースと同じ1 m幅のロールになっている。

■ ゲルコート充てん用ガラス微粉末

やはりゲルコートの表面を平滑にし，強度を高める作用としてガラス繊維を砕いた粉末状のものを混ぜることがある。

サーフェーストランド，ミルドファイバー，ガラスフレークなどの種類があるが，アマチュアが使うことはないだろう。

■ 炭素繊維（Carbon Fiber）

ガラス繊維を芯材とした強化材（GFRP）が開発されて既に半世紀も経ち，我々が気が付かない間に日常の生活用品のいくつかにも利用されており，もはや新素材とも感じないようになった。

一方，研究者はさらに強く，より軽い材料を求め，1960年代には**ボロン繊維，炭素繊維，アラミド繊維**（Aramid Fiber＝AF）などが開発され，1970年代には我が国でも炭素繊維（Carbon Fiber＝CF）が工業化されるようになった。

新素材炭素繊維の名は一般誌上にもしばしば現れるようになり，FSXを始め宇宙航空産業の素材として，また自動車部品の軽量化に，果てはゴルフクラブ，テニスのラケット，釣り竿などレジャー関連製品の軽量化，性能向上に貢献し，なじみのあるものとなった。

炭素繊維は基本的に有機繊維を炭化したものである。一般に炭素繊維の主流をなしているのはポリ・アクリル・ニトリル（PAN）樹脂を使ったもので，この繊維を酸素のない不活性雰囲気中で温度を上げ蒸し焼きにして作られる。

炭素繊維の特性をガラス繊維と較べると

- 比強度，比剛性が極めて高いこと。つまり比重を比較するとガラス繊維の約2/3と軽く，引っ張り強度は繊維のみの場合で2倍から2.5倍増しとなる。
- 寸法安定性が高いこと。これは繊維自身の特性に加えて，ガラス繊維を芯材にして成形する場合のポリエステル樹脂が多少の収縮を生じて，寸法の不安定性が現れるのに対して，炭素繊維の成形にはより安定しているエポキシ樹脂を用いるので総合的に安定性が高まる。
- 耐熱性，耐薬品性が優れていること。
- 電気の伝導性があること。

●摩擦係数が小さいこと。

などがあげられる。

一方，炭素繊維は弾力性があり，曲面の成形は手作業では難しく，上下の合わせ型で押さないと型面になじまない点があげられる。必ずしも金型を準備しなくともFRP型で成形できるが，型を2種作らなければならないのが短所でもある。

アマチュアの作業にとって最大の問題点は，価格が高いことである。かつてはガラス繊維が1kg当たり300〜500円に対して10000円という高値の時代があったが，最近は量産効果が上がったのと製法の特許期限が切れたので，ひと頃のほぼ半値になったともいわれるが，それでもまだ高価である。また，成形する樹脂はガラス繊維用には安価なポリエステル樹脂を使うが，炭素繊維ではより高品質のエポキシ樹脂を用いるので，材料費がさらに高くなる。

高価であっても必要な強度，剛性，軽量化が得られる素材としてなくてはならないのが，F1のモノコックフレームの成形である。

工業的に大量生産されるのではないが，これはもはやアマチュアが暖房もないガレージの中で仕事のできるレベルではない。炭素繊維は樹脂を浸み込ませてサンドイッチ状に予備成形された部材を型の内側に敷き込み，その中にゴム製の大きいバッグをふくらませて型に密着させ，さらに全体を炉の中に入れて加熱させ，樹脂の反応を速めるという工程が必要である。

性能さえ良ければ原料費がかさむことなど意にしないで使われるのは航空，宇宙そして軍需，兵器産業である。三菱重工業は次期支援戦闘機FSXの開発の主契約者として防衛庁に指定され，アメリカの有力航空機メーカーであるジェネラル・ダイナミックス社と協力して作業を行ってきた。そして主翼を作るのに炭素繊維を150層も重ねたハニカム構造で，しかも翼全体をオーブンに入れて焼き固める一体成形の技術を開発したのが1980年代後半である。この日本側の新技術はアメリカの航空機産業を驚嘆させ，口惜しがらせ，アメリカ政府部内にまで，日本側の技術の急成長を警戒する声が起こったと報じられた。

これとても広い意味でFRP成形の一端であるとはいえ，とても我々アマチュアの及ぶところではない。

FSXでなくとも，フェラーリやアルファロメオなどの高級，高価なスポーツカー，レーシングマシーンのボディを見てドアシルとかインストルメントボード，スポイラーの表面に炭素繊維の綺麗な織目による格子縞が見られるのも，もはや珍

しいことではなくなった。

炭素繊維の中で主流となっているPAN・CF（ポリ・アクリル・ニトリル・カーボンファイバー）の比重と繊維のみの引っ張り強さをGF（ガラス繊維）と単純な比較をしてみると，おおよそ次のように考えられる。

	比　重	引っ張り強さ
GF	2.50	$200\pm\text{kg/mm}^2$
PAN・CF	1.75	$320\sim560\text{kg/mm}^2$

（CFは製造工程の違いで強度に差がある）

比重でいえばCFはGFの約2/3であるから同じ形のものを作った場合重量も約2/3と軽くなる。

引っ張り強さでは，CFは2倍から2.5倍の数値を示している。したがって，同じ強さを求めるのにはCFはGFの1/2からそれ以下の繊維量で足りることになり，重量は1/3以下にできる計算となる。

くり返して念を押すのだが，これはあくまでもCFとGFのデータだけを較べた机上の計算であって，実際に成形されたものは使用する樹脂の種類と繊維の織り方の違いで数値は異なってくる。

また，CFの繊維量が少なくても強度があるからと薄板を成形しても，剛性が不足しヘナヘナのものができてしまう。

俗な較べ方を例にとれば，板材を組み合わせた箱と，折り紙の箱の違いで，薄板を使う場合にはリブを作るとか，合わせた最中型にするとか，ハニカムを入れるなど構造的部分の設計を工夫することが重要なのである。

また，前に述べたようにCFがGFの10〜20倍の高価格であることを考えれば，アマチュアにとってこの新素材は現在ではまだ有効，万能のものとはいえないと考えている。

■ ケブラー（AF，アラミド樹脂系繊維）

ケブラーはデュポン社が開発したアラミド樹脂を素材とした繊維で，データでは比重が1.44とCFよりさらに2割近く軽く，引っ張り強さでは1割ぐらい高い数値があり一層軽量，高強度の素材ではあるが，前に述べたFSXの主翼や，F1モノコックフレームの成形にCFと重ねた層として用いる他に，アマチュアのハンドメイドの材料としてはあまり例がない。

ハサミやカッターなどを使った手仕事では非常に切断しにくい丈夫な繊維で，安

全衣料や防護服の素材として防弾チョッキ，安全靴，ライダー用のスーツなどが作られている。

　また，ゴムの補強材として自動車タイヤ，タイミングベルト，ホース類に使われ，以前の製品より格段の耐久性向上に貢献している。

　カムシャフトの駆動は金属製のタイミングチェーンが長い間用いられてきたが，このようにベルトの性能が良くなったおかげで普及してきている。チェーンはエンジン騒音の元凶の一つであり，同時に潤滑やテンショナーの機構もベルトを用いることでなくすことができた。

■ その他の繊維

　FRP成形の技術が開発されて既に半世紀も経ったとはいっても，強化材繊維としてはGFがその首位を保ち続けてきた。アルミニウムより軽く鉄よりも強いという当初のキャッチフレーズは，FRPの性質を端的に表現した分かりやすいコピーで，現在でもこの製品の説明に気軽に用いられている。

　第2次大戦以降，社会情勢は冷戦の緊張が各地にあったため，軍需産業の要求で，より高性能の素材による製品が求められてきた。

　1970年代のCFに続いては，**ボロン繊維，炭化硅素繊維，アルミナ繊維，セラミック繊維**などが次々と開発された。

　これらはいずれも高強度，高耐熱性，高耐蝕性，高耐摩耗性などを得るための素材として完全に工業化されたシステムの中でのみ用いられ，もはやアマチュアの領域からは遠く隔たったものではあるが，航空機や自動車，電子機器製品の部品として我々の日常生活に貢献しているものである。

② 樹脂について

　複合素材の組成で強さを受け持つ芯となる繊維を，ひとつにまとめて形作る接着剤の役目をするものを**マトリックス**という。

　昔の日干し煉瓦や土蔵の土壁の場合，マトリックスは泥だったし，国宝となった乾漆仏像では漆がそれである。

　FRPでは不飽和ポリエステル樹脂がマトリックスとして開発された1940年代から既に半世紀余の間，そしていまだに最も一般的で，最も重要な素材としての役目を担い続けている。

　不飽和というのは物質が化学的に「満たされていない，完全でない」という意味

で，まだ液体という不安定な状態でいることを示し，これに少量の触媒(一般的に過酸化物)を混入させると放出した酸素が引き金となって3次元的結合ができる化学反応が起こり，化学的に完成されて安定した固体に変化するのである。

　ポリエステル樹脂は数社のメーカーで生産されており，製品の特徴，成形法の違いで100種を超える種類がある。通常18ℓの石油缶入りで1缶20kgとして販売されている。樹脂の説明にあわせて成形法の特徴は次の項で述べることとして，ここでは簡単な分類にとどめる。

■ **手積用(ハンドレイアップ用)一般型積層用**：型の中に敷き込んだ繊維に手作業で樹脂を塗り付けて成形するためのものである。

■ **ゲルコート用**：成形時にあらかじめ型の表面にゲルコート樹脂を塗っておき，硬化してから繊維を置いて積層する。この最初の樹脂層は製品に光沢のある硬い表面を作るためのもので，繊維を積層する樹脂とは多少性質が異なる。

■ **注型用**：繊維を使わないで型の中に流し込み透明な塊が作れる樹脂で，標本を封じ込めたら，彫刻家が造形作品を作るのに用いられる。

■ **スプレーアップ用**：樹脂をスプレーガンで型に吹き付け，同時に長い繊維のロービングを自動的に切断し，一緒に型に吹き付けて成形するためのもの。

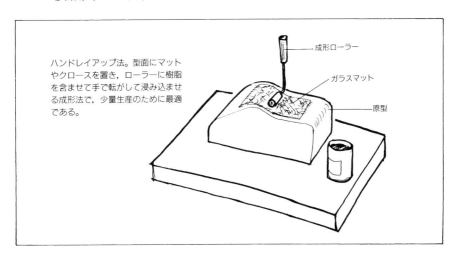

ハンドレイアップ法。型面にマットやクロースを置き，ローラーに樹脂を含ませて手で転がして浸み込ませる成形法で，少量生産のために最適である。

成形ローラー
ガラスマット
原型

スプレーアップ法。二つの容器の樹脂の一方に硬化剤を入れ，他方に促進剤を入れ同時に型面にスプレーすると，両方の樹脂が混じり合って硬化のための反応が始まるようにしたもので，ガラス繊維は連続した長繊維のロービングを自動的にカッターで短く切り，樹脂と一緒に吹き付ける。そのために三個のノズルを持ったガンを使う。大型成形品を連続的に量産するのに適する。

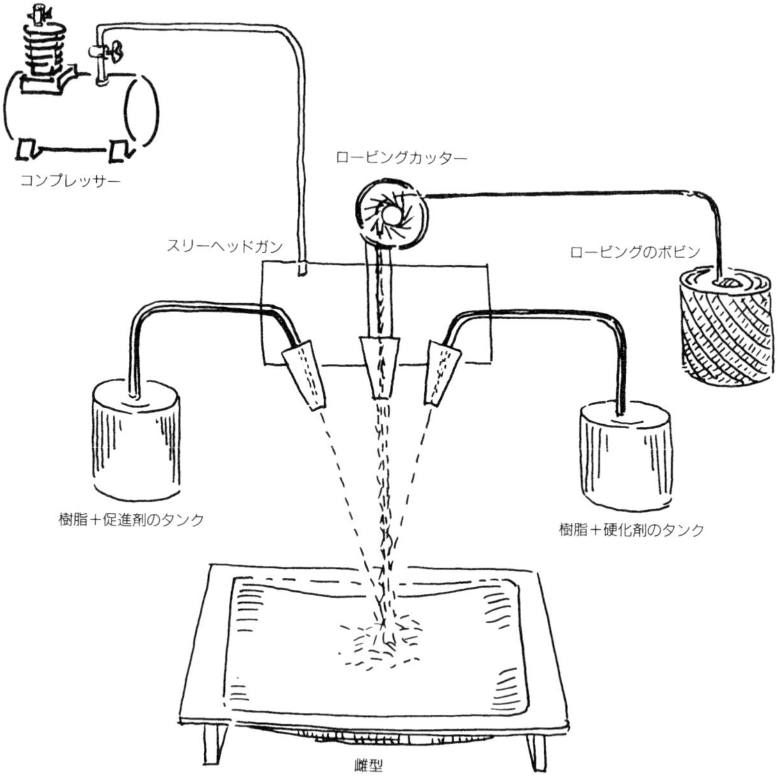

コンプレッサー

ロービングカッター

スリーヘッドガン

ロービングのボビン

樹脂＋促進剤のタンク

樹脂＋硬化剤のタンク

雌型

■ コールドプレス用：上型，下型の合わせ型の中に繊維と樹脂を入れ常温下でプレスするためのもの。

■ マッチドダイ用（MMD用）：金属製の合わせ型を用い加熱加圧して成形効率を向上させる成形法のもの。

■ BMC用（バルクモールディングコンパウンド用）：樹脂に硬化剤と着色剤を混ぜ合わせ，短く切断した繊維と練って注入器で型内に押し込み加熱成形させるもの。

SMC法。合わせ型の間にSMCを置き高圧・高温でプレスをするとSMCが拡がり硬化する。本格的な金型が必要で大量生産に適する。SMCを必要量だけ計って使うのでほとんどバリがはみ出すことなく経済的で効率も良い。

■ SMC用（シートモールディングコンパウンド用）：繊維に高粘度の樹脂を浸み込ませ，ラップを重ねてロール状に作ったのがSMCである。これを必要量裁断して合わせ型の中に入れ加熱して成形するための，極く粘り気の大きい樹脂である。

　これらがFRP成形用の代表的な分類で，また作業条件の細かい違いのために，さらに少しずつ性質の異なる樹脂が作られている。
　このうち，最初にあげた3つは，アマチュアや造形家が手作業で成形できるようになっているが，それ以下の成形法は完全に工業化，量産化を目指すもので手作業に使うことはない。

③ 樹脂の調合
■ 硬化剤
　ポリエステル樹脂は硬化剤を加えてやると固まる。積層用の樹脂には一般に過酸化メチルエチルケトン（通称パーメック）を使う。無色透明で刺激臭があり脱色する作用があるので，衣服に付くとそこだけ白くなってしまう。硬化剤を混ぜ合わせて固まるまでの間にガラス繊維に塗り付けてやるのが成形の基本的な作業なので，それ自身そんなに難しいことではない。
　といっても，これは化学反応を伴う操作なので，反応をスムーズに行わせるためのさまざまな条件を正確に整えることが大切なのである。つまり自分が成形したい形について，
●表面積がどのくらいあるか。
●どんな種類の繊維を何層重ねるか。

- 樹脂量はどれだけ必要か。
- 作業時間の予測，これは樹脂に硬化剤を混入したときから硬化が始まるまでの時間のことで，硬化剤の量で決まる。
- 作業場の温度，この温度によって硬化までの時間は大幅に変化するから，作業場には必ず寒暖計を置き，樹脂メーカーのカタログに記載されている温度と硬化剤量と硬化までの時間のデータを参考に硬化剤量を計る。
  以上の準備を正しくしておけば，成形作業を失敗することはない。

■ 促進剤

　樹脂は硬化剤を混入しただけでは反応が遅くて硬化に時間がかかるので，反応を早めてやるのに促進剤を加える。積層用にはナフテン酸コバルト6％を使い，これは濃い紫色の液体で，製品名では促進剤Nと呼ばれている。

　透明な注型用樹脂には，このコバルトの濃い紫色が障害になるので，注型専用のものを選ばなければならない。

　積層用樹脂には既に促進剤入りで出荷されているものが多いが，ゲルコート用樹脂にはまだ入っていないので，調合の際にやはりメーカーのデータに合わせて加えなければならない。

■ 充てん剤

　積層用樹脂には充てん剤の粉抹を混入することがある。これは工業的に生産する場合には次のような効果がある。
- 充てん剤は樹脂の約1/10の価格なので30～50％も入れて増量させると材料費，ひいては製品価格も下げられる。
- 樹脂の性能を向上させることができる。硬度，強度，収縮率などが改善される。
- 樹脂の粘り気を高めるから型の縦面の垂れ下がりが防止できる。
  増量のためには炭酸カルシウム，タルク（滑石）硅藻土などが使われるが，アマチュアの作業ではこれら充てん剤の使用は面倒なだけで，さして効果は期待されない。しかし，ゲルコート樹脂を塗る際には垂れ防止に用いることが多い。

■ 着色材

　ゲルコート樹脂に着色材を入れておくと，製品を塗装なしにそのまま仕上げることができる。しかし，これはプリンのように型からスポッと取り出したままで製品

となるデザインなら可能だが，複雑な合わせ型で作るものは，合わせた継目が現れて美しく仕上げることができない。

　着色材はポリエステル用に作られた専用のもので白，黒，赤，青，黄など原色が数種類あり，自分でそれらを調合して好みの色を作ることができる。

■ 離型剤
●ワックス
　成形は必ず型の内側に行い，硬化した製品を型から容易に取り出せるように型離れのために使うのが離型剤である。ワックス状のものが広く用いられていて，ポリエステル成型用として販売されている。自動車用，床磨き用を利用してもできる。
●ポリビニールアルコール（PVA）
　ワックスを塗った上に水溶性ビニール液のポリビニールアルコールを薄く塗る。これは乾燥後は樹脂にも溶剤にも溶けないで，成形後にワックス面との間ではがれて製品が型からはずせるのである。
●シリコン入りスプレータイプ
　プレス用の合わせ金型で大量生産をする作業に便利だが，アマチュアの使用にはワックスとPVAが確実である。シリコン製のは価格も高いので僕は使ってはいない。

VII. 原型の作り方

何かモノを作るときに，たとえば布地を裁断して洋服を縫うとか板で犬小屋を作る場合には，モノに必要な材料と道具，工具だけ揃えればことが足りる。しかし，FRPでモノを作るには材料だけでは全く形にすることができない。鯛焼きを作るのには形が逆になった反対の形の型を作るが，これを雌型といい，FRP成形には必ずこれを準備しなければならない。しかも雌型を直接作ることはほとんどなく，自分が作りたいモノの形を適当な材料で最初に作る。これを原型としてさらにその上にFRP成形をして反対の形をした雌型を作り，その内側にもう一度FRP成形をしたときに初めて望むモノができるという具合である。

つまり，FRP成形では原型，雌型，製品の成形という三段階の作業が必要である。しかし，FRP成形では一つの雌型ができたら，あとは同じ製品を続けて作れるのがこの作業の大きな利点である。

1 木型

あまり大きな形でなければ，木工作業で原型を作るのは良い方法である。

平面だけの形なら6〜9mm厚ぐらいのベニア板を組み合わせて作れる。内側に適当な材木で骨組みを作り，十分な強度を持たせる。建築用のコンクリート型枠材であるコンパネ（コンクリートパネル）は厚みが12mmあるので，内側の骨組みを或る程

度簡略にすることもできる。

　できあがった木型は，表面にポリエステルパテを吹き付け，ペーパーで磨いて仕上げるのだが，これについては後に原型の仕上げのところで述べる。

　ベニア板に建築内装材のポリ合板(ベニア板にポリエステル塗装がしてありそのまま安価な壁材となる)をあらかじめ接着しておくと，後の表面仕上げ工程を省くことができる。ポリ合板の表面がそのまま型の仕上げ面として使えるからである。

　図面が完成されていて，原型と雌型のプラスマイナス関係が充分に理解できているのであれば，原型の工程を飛ばして直接雌型を作ることもある。

　優れたデッサン力と豊かなイマジネーションのある人ならば，自分が作りたい形がネガティブになった反対型である雌型を想像できるかも知れない。しかし，それ

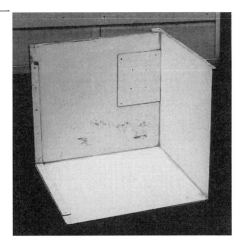

平板で作る雌型。平板を組み合わせた浄水器の雌型。12mm厚のコンパネの片面に建築用，家具用の滑面のポリエステル合板を張り合わせ，原型なしで直接作った雌型。裏面には3×4cm角材を補強用に打ち付け型材3面を組み合わせてある。

浄水器本体。四角形の平面だけを組み合わせて箱を作り，中側にも仕切り板を固定するという設計で試作をした浄水器の本体。このような形は図面に従って原型なしで直接雌型を作り，その中に製品を成形する。

にはある程度経験が必要であり，失敗したときのリスクも大きいから，誰にでも勧められる方法ではない。

　ただし，これは平面だけで作れる形に限るもので，曲面形ではプラスとマイナスの形のイメージは非常に異なるので試みない方が良い。

　曲面形は角材を削り出して作る。そのためには刃物である鉋，のみを良く砥いでおくことが非常に大切である。刃物の切れ具合は作業の能率と仕上げの美しさに直ちにあらわれるからである。

　材料は朴，姫小松など木目がない削りやすいものを使う。

　専門の木型屋に頼むのは最も簡単でしかも非常に正確な仕上がりが期待できる。しかし，それには正解な三面図を描いて注文しなければならないし，もちろん費用も安くはない。

② 石膏型

■ 石膏の扱い方

　石膏は水を含んだ硫酸カルシウム（化学式 $CaSO_4 \cdot 2H_2O$）で天然に産出する。これを120℃ぐらいに加熱すると水が分離し白い粉末状の焼石膏となり $CaSO_4 \cdot \frac{1}{2}H_2O$ で表示される。

　これは大きいものは25kg入りの紙袋で，小さいのは1kg入りのポリ袋で画材店や建材店で売られている。石膏は彫刻家や美大生が製作に使うくらいで，一般にはなじみの薄い材料だが，僕は学生時代から原型や型作りに常に利用してきた。値段が安く，大きい荒っぽい仕事にも精密な細かい仕上げにも適しているので，使い慣れると大変便利な材料である。

　正しい調合を承知していれば具合良く扱えるのだが，やはり使いこなすのに要領といくらかのコツがあり，会得しなければ無駄が多く出てうまくいかない面があり，デザイナーの中でも敬遠する者もいる。

　石膏を水に溶かし込むと，初めはポタージュスープ状で，次第に粘り気が出てマヨネーズのようになり，数分後にはボソボソとなって，やがて固まってしまう。このマヨネーズ状のうちに芯材に塗り付けて形をこねあげたり，あるいは型の中に流し込んで鋳物を作るようにするわけで，作業できる時間が限られている。そのために自分が作る形の大きさや作業の難易度によって，石膏を溶解する量を見当つけるのが無駄を出さないポイントのひとつである。

石膏をゴムボールに振り込む。分量が多いときは小
型の移植シャベルを使うと具合が良い。細かく左右
に振りながら容器内の水面下一杯になるまで入れる。

画材店に売っているゴムの丼型容器で溶くのが良いのだが，不要になった子供用
のバレーボール，ドッヂボールなどを半分に切ったもので充分役に立つ。石膏は接
着力が強くて固まると容器にガチガチに付着してしまうので，金属製やプラスチッ
クの容器は決して使ってはならない。ゴムボールの中に溶かし込んでも残って固ま
った石膏は，ゴムをもみほぐすと容易にはがれて容器は続けて使用できる。

石膏の溶き方は，まず容器に水を7分目ほど入れ，水面上に石膏を静かに少量ず
つ振りかけていく。石膏をすくうのには大きいスープスプーンが使いやすいが，分
量が多い場合には園芸用の移植シャベルが良い。石膏は一度にドサッと入れてはな
らない。シャベルやスプーンを小刻みに左右に振りながら，少しずつ入れていく。
そして，水面いっぱいになるまで入れるのが水に対する石膏の適量である。ゴムボ
ールに7分目の水には，石膏は1kg入りの袋ぐらい軽く入ってしまうものである。
石膏を入れ過ぎるのではないかと不安になって，水面に達しないうちに止めて撹き
回していると，水の量が多過ぎて力のない石膏になって固まらないか，軟らかいま
まで大変具合が悪い。

少量の石膏を溶かすのであれば，石膏が出てくるまで余った水をこぼして捨てれ
ば良いのである。

塗り付ける作業は，溶いた石膏がマヨネーズ状の間に行う。石膏を溶く前に作り
たい形のイメージをハッキリと頭に画いておくか，アウトラインを切り抜いたゲー

ジをボール紙などで作っておくのが良い。そして，適当な板を定盤としてその上に作りたい形より小さめの芯材を用意する。芯はボール紙を折り曲げたり，梱包用の発泡材だとか，金網を丸めて作っておく。溶いた石膏は芯材の上に直接塗るのではなく，不要のボロ布を水でしめしてから固くしぼり，それを溶いた石膏に浸し芯の上を覆うように置く。ボロ布を2〜3枚重ね，それが固まるとガッチリとした芯材ができる。その上からマヨネーズ状の石膏を塗り付け，盛り上げて形を作っていくのである。この作業には油絵用の大形のパレットナイフか，古い洋食ナイフが非常に便利で，スプーンやゴムヘラは全く具合が悪い。

　容器内の石膏を使い切れば良いのだが，塗り付けの最中に固まり始め，ボソボソになってナイフで押し付けても芯材に付着しなくなったら，無理をしないで捨ててしまう。ゴム容器を手でもんで，固まった残りの石膏を落としてから，容器を水洗

石膏にトロミが出たらボロ布を浸して
引き上げ，原型上の下地の上に拡げる。

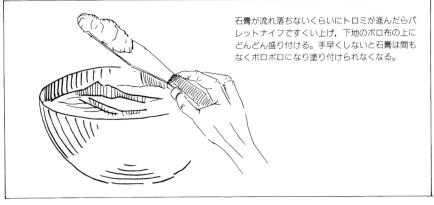

石膏が流れ落ちないくらいにトロミが進んだらパ
レットナイフですくい上げ，下地のボロ布の上に
どんどん盛り付ける。手早くしないと石膏は間も
なくボロボロになり塗り付けられなくなる。

いして続けて新しく石膏を溶けば良い。

　自分の作業にどのくらい石膏を溶けば良いのか，作品の大きさと仕上がり具合を見ながら，溶いた分をボソボソの無駄なものにしないで作業ができるようになれば，それだけでセミプロのレベルになる。

　石膏は水に溶かせば必ず固まるが，溶き終えて何分くらいで粘り始めるのか，作業できる状態がどのくらい持続するのか，さまざまな条件によって変化する。慣れていないとやっかいなことではあるが，要領を掴めば逆に自分に具合の良い状態を作り出せる面白味もある。

　石膏はきれいな冷水で溶くのが原則だが，袋の封を開けたばかりのものは粘り気が出てくるまで長い時間がかかって待ちくたびれたり，心配になったりする。開封して日が経つと石膏は大気中の湿気を吸収して固まりが早くなる。これは本来は具合の悪いことなので，使い残した分はポリ袋などに入れて湿気を帯びないように保管する必要がある。

　石膏は面白い性質があり，なかなか固まり始めない新しいのを使う際に，温水で溶くと時間が早まって能率を上げることができる。さらに早めたいときには前に溶いた分の上澄み水とか，ゴム容器を洗った古い石膏カスが混じった白濁水を少量加える。これは彫刻家の経験から教えられたことで，化学的な根拠を確めたわけではないのだが，温水や石膏カスの濁りが化学反応を促進するらしく効果は明らかである。しかし，この方法で溶いた石膏は硬化が早くても強度が不足がちで，ボロボロになりやすいという欠点もある。

　大きな形を作るのに，大量の石膏が必要だといって大きい容器に一気に溶いてしまうと，使い切る前に固まり始めて失敗する。これ ばかりは，手間がかかっても石膏は一度に１kgぐらい溶くのが限度である。

　仕事を急ぐときはゴム容器を２〜３個用意して助手に連続して溶いてもらい，１容器を塗り終えたら，すぐ次のが使えるようにしてもらうと，切れめなく作業をはかどらせることができる。

■ 原型を正確に作るには

　前の項で述べたような，溶いた石膏をヘラやナイフで芯材の上に盛り上げて形を作る方法を石膏の直か付けという。芸術作品を作るのならともかく，これではとかく形が不正確になりやすく，左右を対称にするのも困難である。

　デザイン的な作業をするのには，少なくとも原寸大の平面図，側面図，数種の断

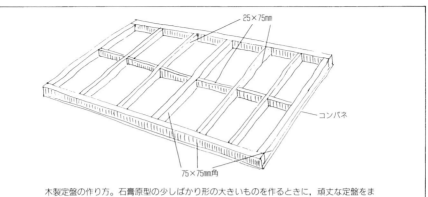

面図ぐらいは画いて欲しい。図面は2〜3枚ずつコピーをしておく。まず原型を組
み立てる定盤を用意する。作る形の平面形より周囲を大きく取った木の板が良いが，
耐水性のコンパネを使うのが便利である。1枚のベニア板サイズより大型のものを
作るときは，コンパネを並べてつなぎ合わせ，裏側に適当な補強をすると定盤がしっ
かりする。サイズにもよるが，45mm角材とか，30×90mmの間柱材を使い（小型のも
のならば75mm角材，25×75mmの間柱材），充分な長さの釘で確実に打付ける。定盤が
できたら中心にセンターラインと，それに直交するラインを油性のサインペンで引
いておく。ラインの上を釘の先か錐で溝を引くと，後々センターラインを確認する
のに良い。

　作りたい形が皿の上のオムライスのように1個の型からパカッと取り出せるもの
であれば，原型も簡単である。

　まず3mmぐらいの薄いベニア板に平面図のコピーを糊で張り，輪郭の形を丁寧に
切り取る。それを定盤上に小釘で打ち付けると，それが平面図となる。

　同じように側面図と，それに直交する断面図で最も幅の広い部分をベニア板で切
り取る。それらを定盤の平面図上に組み立てると輪郭線だけでも大体の形が分かる。
注意することは，平面図として打ち付けたベニア板の厚み分だけ縦の寸法を短く切
ることである。

　組み立てて固定したベニア板の間を全部石膏で埋めるのはあまりにも無駄だから，
前に述べた直か付けのように発泡材やボール紙で隙間を埋めて石膏は輪郭線から内

トヨペット・カスタム
スポーツの原型断面型
板を組み立てたところ。

断面型板の間に板で受けを
打ち付け下地を塗ったとこ
ろ。このときは大型の原型
を初めて作り、強度を心配
してセメントモルタルを塗
ったので、後で壊す際に丈
夫すぎて苦労した経験があ
る。この上に型板際まで石
膏を盛り上げる。

側へ10〜15mmぐらいの厚みに盛り付ける。

　石膏は塗り付けただけではとうてい美しい仕上がりにならないから、ベニアの縁
より多少大きめに盛り、それを削りながら輪郭面を作り出していく。

　盛り上げ過ぎて大幅に削らなければならないときには、不要の古い木工用鋸をそ
の個所に当て、刃と直角方向に引くと刃型の溝ができて削れる。次に数枚の金鋸刃
を、刃の向きを揃えて両端を持ち、刃と直角か斜め方向に引くと細かい削りができ
る。この方法で石膏全体の表面をおおよその形に仕上げていく。

　万一削りすぎたら、石膏を少量溶いて低い部分を埋めてから、再び仕上げの削り

コニリオの石膏原型木枠。
中心の縦方向に側面図の輪
郭に切ったベニア板を固定
し、横方向は25cm刻みで断
面図のベニア板を固定して
ある。芯材の木枠は3×10
cmの間柱材で正確に骨組み
を作る。

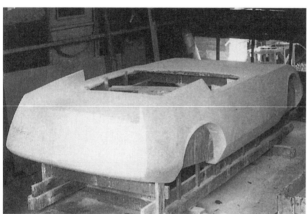

コニリオ石膏原型で、石膏
表面の仕上げが完成し、パ
テ付け直前の状態。ドア、
ボンネットなどの開口部は
すべて閉めた形に作る。使
用するテールライトが決定
していれば、取り付け個所
の落とし込みの段とか、の
せる台の形まで原型上に作
っておくと後で組み立ての
際に非常に楽である。

トヨペット・カスタムスポーツのリアシートの木枠。

シート木枠の上に荒目の金網をかけ，彫刻用のスタッフ（麻の長い繊維）を石膏に浸し金網に載せると，網目と麻の繊維が芯になって石膏の曲面ができる。これはアマチュアにはなかなか難しく，慣れた彫刻家の腕の見せどころである。

でき上がった石膏は，シート原型で，その内側にガラスマットが置いてある。これからFRP雌型を成形する段取りとなる。

をすれば良い。前に盛った古い石膏面にさらに塗り付ける場合には，古い個所に水を充分にかけて湿らせておく。これを怠ると新しく塗った石膏の水分を下側の古い乾きかけた個所が吸い取ってしまうので，新しい石膏が固まらなくなる恐れがある。

　金鋸刃で原型全面を削り終える頃には，自分のデザインが立体化された形で見られ，それをさらにあらゆる方向から眺め図面で表現し切れなかった曲面を満足できるまで修整を加える。

メカトロニクスの盲導犬を試作したときの原型製作過程で，まずコンパネでフレームを作る準備をしている。石膏原型輪郭線の形に切り抜き石膏を盛り上げるゲージの役目をさせる。

コンパネの木枠を組み立て，石膏下地にする金網を打ち付けてある。

石膏を盛りつけ表面を削って形を整え次はパテ付けとなる。

トヨペット・カスタムスポーツのドアとドアシルを作っているところ。これは1号車のボディでシェルの成形後にドアパネルを切り抜き，内側のインナーボックスを作ってからボディ側に石膏でドアシルの原型を作っている。リアシートシェルとフロアは既に取り付けてある。

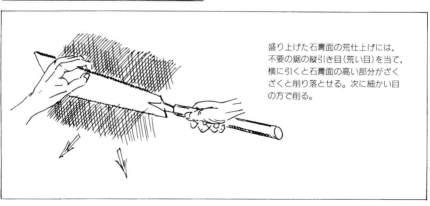

盛り上げた石膏面の荒仕上げには，不要の鋸の縦引き目（荒い目）を当て，横に引くと石膏面の高い部分がざくざくと削り落せる。次に細かい目の方で削る。

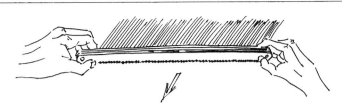

金鋸刃を数枚刃の向きを揃えて刃の切れる方向に45度ぐらい角度を付けて引くと，木工鋸より目が細かいので削り面が綺麗になってくる。仕上げに近くなったら鋸刃を逆にして刃のない角でなでるように削ると，鋸目が消えて滑面に作れる。緩い曲線なら刃を1枚にして少し湾曲させて面に合わせて削ると良い。刃の目は始め#18を使い仕上げに近付くにつれて#24にする。

　金鋸刃の作業が終わったら刃を反対に持ち，背中の平らな方のエッジで石膏面をなでるように削ると鋸刃の櫛目がなくなり，美しい平滑面ができる。それで石膏原型がひとまずでき上がり，あとはパテ付けの仕上げ工程を残すだけとなる。

■ 左右対称の作り方

　工業デザインではセンターラインに対して左右対称の形が多いが，原型を作る際の工夫によって相当正確な対称形に仕上げることができる。

　そのために必要な道具は，大工が使う水平儀，できれば長さ1mのもの，直角に折れている指し金，墨つぼである。いずれもいささか古臭い時代がかった道具と思うかも知れないが，使い方を会得すると大変便利なもので，もちろん現在でもDIYのホームセンターなどで販売されている。

古くから大工が使っている水平儀は単純な道具で，土台の水平，柱の垂直の具合が見られる。アマチュアが石膏原型を作るのにきわめて有用で，左右対称を計るのに使う。

墨つぼ，指し金，筆さし。これらは大工が家の設計から仕上げまで使う最も重要な道具である。使いこなすのにコツがあるが，要領を覚えれば非常に役に立つ。

まず定盤を作業場のフロアに対して，センターラインを中心に左右方向が水平になるように据える。そして，定盤上の原型は未完成であっても常に表面にセンターラインを画いておく。立体となった原型上に定盤に引かれたセンターラインに重なるように線を引くのは至難の業だが，それには始めに定盤上のセンターラインの一

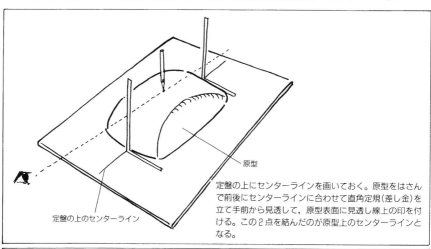

原型

定盤の上にセンターラインを画いておく。原型をはさんで前後にセンターラインに合わせて直角定規（差し金）を立て手前から見透して，原型表面に見透し線上の印を付ける。この2点を結んだのが原型上のセンターラインとなる。

定盤の上のセンターライン

墨つぼは日本古来の大工道具で，木をくり抜いてつぼを作り，一方に糸車が付いている。つぼの中には真綿が入れてあり墨が浸してある。糸車の糸はつぼの真綿の中を通り小孔から外へ出て柄付きの針に結ばれている。直線を引くときには一端に針を刺し，糸を伸ばして，つぼにある糸の出口を線の反対側に押し当てる。糸の中央あたりを指で持ち上げピンと張って放すと糸が跳ねて両端を結ぶ線上に墨が付き直線が画ける。多少の曲面があっても定規では引けない直線が正確に画ける。

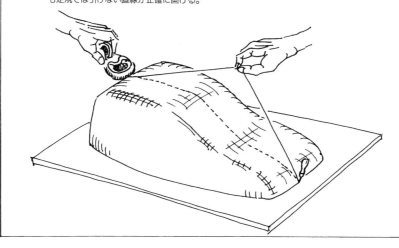

端に合わせて指し金を立て，原型の手前から先を見通し，原型の向う側にあるセンターラインが見える位置に立つ。指し金の縦の側と向こうのセンターラインがピッタリと重なったとき，今見通している空間の垂直面が，原型を切る線が原型上のセンターラインである。文章で説明すると回りくどいが，実際に指し金を立てて見通せば，すぐそのポイントが分かるはずだ。

　その垂直面をイメージしながら原型の表面に鉛筆などで2〜3個所に印を付け，2点間を墨つぼで線を引く。墨つぼの使い方は図を見てもらいたい。墨つぼはなじみのある道具ではないが，定規が当てられない起伏のある表面に正確な直線が引ける，神業とも思える能力を発揮する江戸時代から伝わる優れた道具である。

　原型上にセンターラインが引けたら，次に指し金を水平にライン上に置き，直交する線を引く。これは横断面図の位置を示すことができる。

　デザインのスケッチや見取図，また正確な図面だけでは立体形をイメージするのはなかなか難しい。原型を作り始めて，立体の丸味や面の角張り具合が見えてくる。そして，図面とずいぶん感じが違うことに気が付いて愕然とするものだが，いつまでもびっくりしているのでは仕事が進まないから，とにかくセンターラインを中心に，どちらか片側のおおよその形を作ってしまう。そして，デザインの気に入らない部分，曲面のある形ならばその曲面の曲率，つまり曲がり具合で太り過ぎか痩せ過ぎか，ひとつの面と接している面の間をエッジにするか，丸味を持ったアールにするか，全体の形でスムーズな輪郭線ができているか，ハイライトが綺麗に流れて見えるかなどをチェックしながら修整する。

　自動車のボディや機械のカバーなどのデザインでは，当然内部の機構との干渉があるので中身の設計を頭に入れながら，外側の形を作らなければならない。

　原型の片側が満足できる形になったら，次にセンターラインの反対側の対称形を作る。

　大きいメーカーの試作室ならば面積の広い定盤が据えられており，レーザー光線を使ってXYZの値を瞬時に表わす測定器があるのだろうが，我々の仕事場ではとても望むべくもない。それでも水平儀，指し金，墨つぼといった江戸時代の道具で相当正確に左右対称形を仕上げることができる。

　準備として，まず水平儀の中心に印を付ける。

　三角鑢の角などで中心と左右に5cmごとに細い線を刻み込む。あるいは水平儀の下縁に合わせて物差しを固定しても良い。それを水平に保ちながら，中心の刻みを

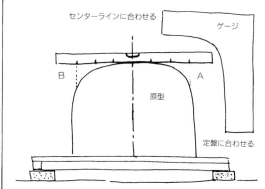

センターラインに合わせる　ゲージ

水平儀で左右対称を確認するには、まず定盤をセンターライン左右に対して水平に据える。水平儀に中心から左右に振り分けてスケールを刻む。水平儀の中心線を原型のセンターラインに合わせて水平に置く。中心から左右等間隔から原型まで下ろした垂直線A，Bを計り，等しくなるように原型を修正する。横断面型のゲージをボール紙かベニア板で作り，左右の形を確かめるのも良いが，ゲージでは一個所の形を確認するだけで，水平儀を使えばセンターライン上どこでも左右確認できる。

B　　　A

原型

定盤に合わせる

原型のセンターラインに合わせる。そして，原型のでき上がった側でセンターラインからある距離の点から垂直に下した寸法を反対側に移し，同じ高さまで表面を作れば良いのである。このあたりは図の方が理解しやすいだろう。

　型紙を使うのも良い方法である。型紙は前にコピーした断面図をボール紙に糊で張り，図のように縦方向の中心線と下側の定盤の上の水平線を正確に切り抜き，左右側に当ててでき上った側，これから作る側を較べながら表面を仕上げていくことで，左右対称の形が作れる。

③ 発泡材型

　石膏の扱いは，美大生でも慣れていないとうまくいかないこともある。経験によるコツがいるし，作業場は汚れやすいし，材料の無駄が多く出るし，ということでデザイナーにも敬遠されることがある。

　そんな場合には，発泡材ブロックを削って原型を作るのが良い。

　発泡材はスチロール製，ウレタン製，アクリル製などがあり，それらの樹脂をカステラのように発泡させてブロック状で販売されている。寸法は90×180×40cmが最大で，必要な厚みに切って売ってくれる。材質的には梱包材として使われるカスカス状のものから釘が打てるくらい高密度の固いものまで多くの種類がある。発泡材は鋸で簡単に切れ，カッターやサンドペーパーでも削れるので形が作りやすい。

　荒削りにはおろし金に孔が空いているような木工用のヤスリが良い。細かい仕上げには，木のブロックを当て木にしてサンドペーパーの＃80〜＃200ぐらいで削る。ただし発泡材は削り過ぎたときの補修や部分的に形を盛り上げたい場合には少々面倒である。薄く切ったものを接着剤で張り，再び削り直すしかない。

発泡材ブロックで大型の原型を作るのに，中身を全部ムクにしては材料が大量にいるので，断面図を良く研究して自分が作る形のアールが納まる厚みを計り，あらかじめ木材で定盤の上に下地を組んで，必要な寸法の発泡材ブロックを組み合わせて，おおよその塊を作り，それを削っていくようにする。

4 粘土型

作るデザインによっては，粘土は便利な材料である。粘土には水性粘土，油性粘土，インダストリアルクレイなどがある。

水性粘土は彫刻家が人物像などの原型に使うのが一般的で，普通はこれから石膏雌型を作り，さらにその中にもう一度石膏を流し込んで石膏像を作る。水性粘土は当然水気を含んでおり，これに直接FRPを触れさせると樹脂の硬化を損なうものなのだが，粘土の表面を少し乾燥気味にして適切な離型処理をするとFRP雌型を作ることも可能で，大型のレリーフを作るときなどにこれを使う。

油性のものは通称油上（ゆど）と呼ばれ水粘土のように乾燥してひび割れを起こすこともなく，くり返し使用できるし，ある程度細かい表現もできる具合の良い材料である。

油土はデザイナーや彫刻家用の高級品，たとえば古くからの有名な名柄で「桂」と呼ばれるものは使いやすいが，安価な工作用のものは軟らかすぎて具合が悪い。

油土の表面の油分は樹脂の硬化に影響を及ぼし，その上に成形したFRPの接触面が長い間ベタベタしていたり，内側のガラス繊維が表面に現れて，きれいな滑面に仕上がらないことが多い。この場合には，ベタベタ面をラッカーシンナーで良く拭いて油分を除き，赤外線ランプやドライヤーで強制的に硬化してからパテ仕上げをする。したがって，油土では大きい面積の原型を作らない方が良い。後処理の手間が大変面倒になるのである。

インダストリアルクレイは鉱物油質の粘土だが，油土よりはるかに硬く，常温ではとてもこねて形を作ることはできない。大量に使うときは専用の電熱器のオーブンで温め軟らかくして形を作る。冷えると表面は刃物で削れるほどで精密な形作りができるし，塗装を施したり，また着色したビニールフィルムを張り付けて塗装面やメッキした状態に見せることもできる。

適当な表面処理でその上にFRP成形も可能なので，雌型を作るのにも適しているという利点があげられるが，非常に高価なので経済的ではない。

自動車メーカーのデザインルームでは，これで実物大のモデル，つまりモックアップを製作するが，これは石膏や発泡材のように大量のゴミやほこりが出ないこと

も大きいメリットにあげられる。

⑤ 原型の表面処理

　原型ができ上がったといっても、これらの素材のままではその上に直接FRP成形を施して雌型を作ることはできない。さらに表面にパテ付けをして、それを研いで美しい滑面の状態に仕上げ、同時に設計寸法の精度を確かめて原型が完成するのである。

　木型と石膏型は表面に水分が残っているので、これを遮断するためにシエラックニスまたはラッカーを塗る。シエラックニス（あるいは単にラックニス）は石膏の表面から2〜3mm浸み込んで固まるので、表面を丈夫にする効果がある。これは何回も重ね塗りをして乾いた表面が光るようにする。その上にラッカーを塗っておくとさらに良い効果が出る。これを目止めという。

　この上にパテを塗るのだが、これにはポリエステル樹脂をベースにしたポリエステルパテを使う。塗料メーカー各社で製造しており、普通の塗料店で購入できる。

■ パテの吹き付け

　木型を専門の工作所で作ってもらったものは寸法精度が良くでき上がっているから、この上にパテ付けをすると、かえって精度を損なう恐れがある。また石膏型も丁寧な作業をして完全な形ができていれば、パテを手で塗り付けずにガンで吹き付けるのが良い。

　調合の一例を示すと、これは少々概略的なものだが、容器は大きめの新しい紙コップを用い、ポリエステルパテは卵4個分ぐらい、溶剤としてラッカーシンナーまたはアセトンを200〜300cc、ポリエステル樹脂（積層用のもの）を60〜80cc。これらをよく撹き混ぜて溶解させる。このときコンプレッサーの圧力は5kg/cm²以上、ガンのノズルは1mm以上のものを用いる。

　調合できたら試し吹きをしてみる。濃すぎてスプレーできなければ、溶剤を少量ずつ加えて霧が勢い良く出るようにする。

　この状態になって初めて硬化剤、パーメックNを加える。硬化剤の量は、その作業場の温度によって決めるのだが、季節で大幅に変えなければならず一概に定めにくい。こんなパテ溶解液ではメーカーの指定もないわけで、様子を見ながらという極めていい加減な表現になってしまうが、一応の目安としては、20〜25℃の常温時でこの調合に3ccのパーメックNを加えたら、少なくとも30〜40分の作業時間はあ

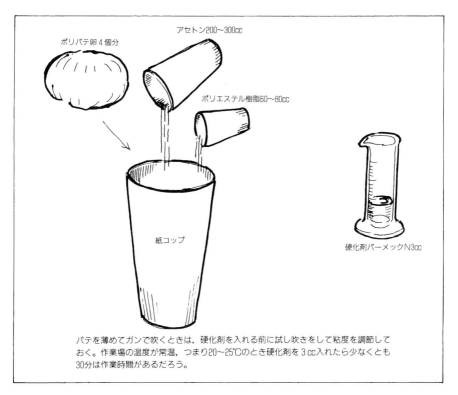

ポリパテ卵 4 個分

アセトン200〜300cc

ポリエステル樹脂60〜80cc

紙コップ

硬化剤パーメックN3cc

パテを薄めてガンで吹くときは、硬化剤を入れる前に試し吹きをして粘度を調節しておく。作業場の温度が常温、つまり20〜25℃のとき硬化剤を 3 cc入れたら少なくとも30分は作業時間があるだろう。

るという見当である。

　この液量を 1 ㎡の面積を吹くとして、 1 回吹いた後、溶剤が飛ぶまで数分間待ち、さらに重ね吹きをくり返し、全量で約0.3〜0.5mmぐらいのパテ厚みが得られるようになるはずだ。

　パテ溶液は 1 回の吹き付けでは全く厚みがないから、 4 〜 5 回の重ね吹きが必要だが、続けて吹くと縦面が垂れやすいから、必ず溶剤が飛んで吹いた面が無光沢になるのを待つ。

　この吹き付け作業では、スプレーされた霧は非常に臭気が強いし、吸い込むのは非常に健康に良くないので、作業者自身が気を付けるのはもちろん、住宅地での作業は避けるべきである。

　また、樹脂は硬化剤を入れたら作業時間に限りがあるから、あらかじめ型の用意、コンプレッサーの圧力、作業場の換気などの準備を整え、十分に確認した上で硬化剤を加える。万一吹き付けの途中で液の粘度が上がって吹き出しが悪くなったら、

直ちにカップ内の液を外に捨て，シンナーでガンを充分に洗浄する。溶解液中のパテ分や樹脂分がガンの細いノズルの中で固まると，二度と使えなくなってしまう。

　吹き付けたパテ液が完全に硬化して表面が粘り気なくサラサラになったら，耐水ペーパー♯240〜♯320程度で水研ぎをする。吹いた面は俗にみかん肌という多少の凹凸が一面にあるので，それを完全な平滑面に仕上げる。さらに全面に♯400〜♯600の耐水ペーパーをかけて一層の平滑感が出るまで研磨すれば申し分ない。

■ パテのこね方

　手製の木型とか荒い仕上がりの石膏型で完全な設計面が未完の状態のまま，パテを少々厚めに盛り，それを研いで形を仕上げることもできる。当然パテは吹き付けでなくヘラを使って手で塗っていく。

　ポリエステルパテ(略してポリパテ)はいくつかの塗料メーカーで作っているが，自動車鈑金用と呼ばれるものはどれも同じように使用できる。厳密には夏季用，冬季用があり，気温の違いが硬化時間に大きく影響しないように調整されている。

　まずパテをこねる板をベニア板，鉄板などで30cm四方ぐらいのものを用意する。パテをこねるヘラは長さ30cm，刃先7〜8cmのプラスチック製を塗料店で，パテや耐水ペーパーと一緒に販売されている。ヘラは必ず2本用意して，1本はこねるのに専用とし，もう1本はパテを容器からすくい出すための専用と決めておく。万一パテをこねたヘラで新しくパテをすくい出すと，ヘラに残っている硬化剤が混入されたパテが微量でも容器の中に付着して，新しいパテを硬化させる恐れがある。ことに気温が高い時期は極くわずかの残量が，あたかもカビが拡がるように新しいパテをどんどん浸蝕して，最後には容器全体を固めてしまうのである。

　パテの硬化剤はチューブ入りでパテと一緒に販売されている。まずパテは卵4〜5

パテヘラとゴムヘラ。柄付きのゴムヘラは調理用のものが具合良い。これは10年以上使っているのでパテのこびり付きがあるが，刃先は荒目のペーパーで研げば容易に修整できる。

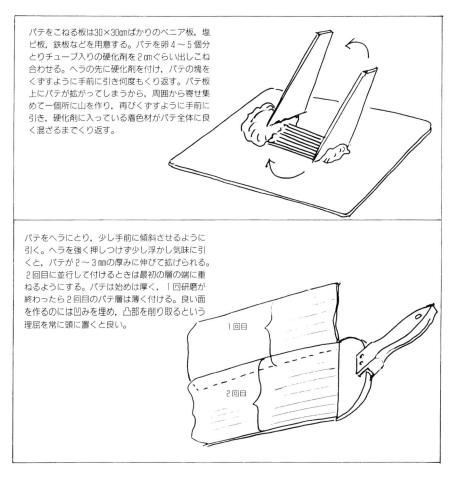

パテをこねる板は30×30cmばかりのベニア板，塩
ビ板，鉄板などを用意する。パテを卵4〜5個分
とりチューブ入りの硬化剤を2cmぐらい出しこね
合わせる。ヘラの先に硬化剤を付け，パテの塊を
くずすように手前に引き何度もくり返す。パテ板
上にパテが拡がってしまうから，周囲から寄せ集
めて一個所に山を作り，再びくずすように手前に
引き，硬化剤に入っている着色材がパテ全体に良
く混ざるまでくり返す。

パテをヘラにとり，少し手前に傾斜させるように
引く。ヘラを強く押しつけず少し浮かし気味に引
くと，パテが2〜3mmの厚みに伸びて拡げられる。
2回目に並行して付けるときは最初の層の端に重
ねるようにする。パテは始めは厚く，1回研磨が
終わったら2回目のパテ層は薄く付ける。良い面
を作るのには凹みを埋め，凸部を削り取るという
理屈を常に頭に置くと良い。

個分の量を板の上に取り，硬化剤を2cmばかりの長さに押し出しヘラで混ぜ合わせ
る。パテと硬化剤を合わせて一方向に引き板に拡がったら，周囲から寄せて中心に
山にする。2〜3度くり返して，硬化剤の着色料がパテに混ぜ合わせられて均一の
色になるようにする。いうまでもないが，パテの地色が残っている部分には硬化剤
が行き渡っておらず，硬化剤の着色料の色素が濃く見える部分は混ぜ合わせが不充
分なわけで，実際に試して見れば一度で理解されよう。

　パテはプラスチックのヘラで型全体に塗るのだが，これも実地に試みれば容易に
コツがつかめるはずである。

　専門の塗装所でのパテ付けはこれらの固いヘラで行うようだが，僕は以前から調

理用(あるいはケーキ作り用)の板が付いたゴムヘラを利用している。半月形のゴム板に木製の柄が付いており,たいていの台所用品のコーナーで売られている。ゴムヘラは曲面にパテ付けをするのに特に具合が良い上,平面に広く付けるのにも大変使いやすい。

　パテは硬化し始めると粘度が急に高まり,こんにゃく状になって塗り拡げられなくなってしまう。無理に盛り上げても付着力がなくボソボソになるからこれは捨ててしまう。パテはもちろん軟らかいうちに使い切るわけで,万一硬化が早く始まりすぎる場合には,こねるパテ量を少なくするとか,硬化剤の分量を減らして調節し,無駄にならないように使い切れる要領を覚えるのがコツである。

　パテをヘラに付けて手前に引くように動かすと塗れるのだが,ヘラを型面に強く押し付けるとパテは薄くなり,力を抜いて引くと塗りが厚くなる。型全面に平均な厚みに塗れれば良いので,部分的に山脈のような盛り上がりができたり,盆地状の凹みなどが残らない具合にする。これもいくらかの練習が必要な作業である。

■ パテの研磨

　パテが硬化したら,ペーパーで研磨をして余分な盛り上がりを削り,足らない凹みを埋めてさらに削る。

　パテの盛り上がりがはなはだしい場合には,荒い♯40～♯60のサンドクロースで削る。必ず裏側に平らな板を当て木として手に持って,凸部を削り取っていく。型紙を当てながら表面の形を確かめ,正確な設計面を得るのには削るのか,パテを盛るのかを常にチェックしながら研磨する。サンドクロースで大体の荒削りをしたら,耐水ペーパー♯80～♯120で水を付けながら研いていく。

　サンドクロースは厚めの布に研磨材の荒い粉末を塗ったものでざくざくと荒く削るのに適しているが,削り面の引っかき傷が深く残る。耐水ペーパーは耐水性の糊

ペーパー掛けをする際には,さまざまな形の板を当て木にする。大きさは手におさまるくらいで,パテ研ぎをする形に合わせて平らなもの,アールを持ったもの,ヘラ状にしたものなど自分で工夫するのが良い。

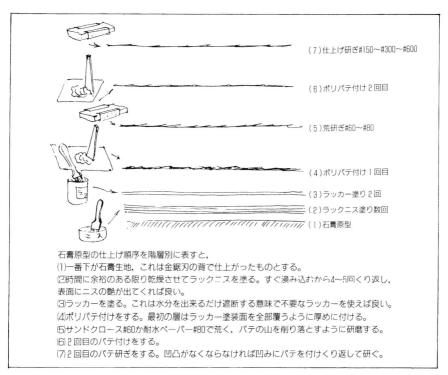

（7）仕上げ研ぎ#150〜#300〜#600

（6）ポリパテ付け2回目

（5）荒研ぎ#60〜#80

（4）ポリパテ付け1回目

（3）ラッカー塗り2回

（2）ラックニス塗り数回

（1）石膏原型

石膏原型の仕上げ順序を階層別に表すと，
(1)一番下が石膏生地，これは金鋸刃の背で仕上がったものとする。
(2)時間に余裕のある限り乾燥させてラックニスを塗る。すぐ浸み込むから4〜5回くり返し，表面にニスの艶が出てくれば良い。
(3)ラッカーを塗る。これは水分を出来るだけ遮断する意味で不要なラッカーを使えば良い。
(4)ポリパテ付けをする。最初の層はラッカー塗装面を全部覆うように厚めに付ける。
(5)サンドクロス#60か耐水ペーパー#80で荒く，パテの山を削り落とすように研磨する。
(6)2回目のパテ付けをする。
(7)2回目のパテ研ぎをする。凹凸がなくならなければ凹みにパテを付けくり返して研ぐ。

で研磨材が塗ってあるから，水で削りカスを洗い流しながら研磨するのが良い。

　いずれにしても，型面に1回全面パテ付けをして研磨してもそれで仕上げられることはなく，2〜3回パテ塗り付けが必要であり，その都度研磨作業をくり返していく。きれいな面に仕上げるには，凸部を削り，凹部を埋めるのが原則だから，パテ付け，研磨のくり返しに倦きてはならない。

　表面は次第に仕上がっていくから，ペーパーの番手もそれにしたがって＃240〜＃360〜＃600という具合に細かくしていく。最終的には原型のパテは研磨＃600ぐらいで充分である。

　プロが生産用の型を製作するときは，さらに表面を＃800〜＃1000のペーパーで磨き，鏡面のように仕上げる。

　くり返して注意をするが，サンドクロスや耐水ペーパーでパテ面を研磨する際は，必ず当て板にペーパーを当てて作業する。手で押さえただけでは指の腹のふくらみがペーパーを押すので，削り具合が不均一になる。極端にいえば指先きの方向へペーパーを前後に動かせば，指の形の縦溝状に削れるので，平らな面に仕上がら

ない。
　型面が曲面の部分はゴムブロックの当て板を使って湾曲面になじむ方向に動かす。緩やかで大きい湾曲面では，当て板を一方向にばかり動かさず，ときどき向きを変えてたすき掛けにするときれいな面ができる。これは理屈を考えながらペーパーの当たりが型面にまんべんなく拡がるように，手の動かし方も一方向に片寄らないようにすると良い。

VIII. 雌型の製作

　原型ができ上がったときに，デザイナーは自分が作るFRP製品が三次元として立体化された姿を初めて見るのである。

　最初に画いたイメージ，それを発展させたデザイン，理論化した図面，具体化した原型と，それぞれの段階のうちに少しずつの見込み違いとか，異和感，不安感などがあったことだろうが，それらを修整しながら原型の完成にまで至れば，仕事はほぼ半ばまできたわけで，あとは技術的マニュアルにしたがいながら，FRP成形を進めるだけである。

　前にも述べたようにFRP成形をするには，まず自分が作りたい形と同じものを原型として作り，その上に裏表を反対にしたネガティブの雌型を用意し，その内側に成形して初めて製品とする三段階をこなさなければならない。

　雌型といっても，プリン型やチキンライス型のように一方向にパカッとあけるもの，鯛焼きのように2個の合わせ型となるもの，さらに自動車のボディを作るとなると，ボディにドアやボンネットの開口部があり，フロアやトランクルームなどの内部の仕切りもあり，それらをすべてFRP成形するには非常に複雑な分割型を工夫しなければならない。つまり，複雑な形を作ろうとするとき，原型の表面から雌型がはずれる方向，すなわち抜け勾配の方向が部分ごとに異なってくるので，雌型はそれぞれの抜ける方向別のセクションに作るのである。

それらを順を追って述べていくことにする。

① 石膏原型から石膏雌型の作り方

　製品を1個だけ作る場合，また石膏の扱いに慣れていれば，石膏原型から石膏雌型を作り，その中にFRP成形をするのが最も費用のかからない安価な方法である。

　石膏原型の表面は前に述べたように，金鋸刃の裏，表での削りを終えたら，耐水ペーパーの#200〜#400で軽く研磨すると，大変綺麗な滑面に仕上げられる。絶えず少量の水を掛けながら，削りカスを洗い流して水研ぎをする。ペーパーの番手が細かくても石膏面はすぐ削れるから，指の力に気をつけて作業をする。石膏原型から直接石膏雌型を作る場合には，先に述べたラックニス，あるいはラッカーを塗って目止めをする必要はない。

　石膏面の離型処理にはカリ石けん溶液を使う。この原液を水で2〜3倍に薄めて柔い刷毛で塗るのだが，薄める際に泡が立ちやすいから気を付けて，さらにガーゼかティッシュペーパーで一度濾して使うと良い。原型表面に泡が残ると，その形が雌型にも写るからである。

　カリ石けん液は画材屋で売られているが，手に入らなければ洗濯用固型石けんを削って微温湯で溶かしても利用できる。気を付けることは，石けん液のヌルヌルが原型表面の凹みなどに残らないように確かめること。

　石けん液は乾くのを待たないで，すぐ雌型に取りかかれる。まず，適量の水をゴム容器にくみ……これは原型の大きさによるが，表面が1㎡ぐらいだったらほぼ1ℓ……石膏を充分に振り込むのだが，1kg弱は入るだろう。石膏が水面までに達してこないときは，上澄みの余分の水を流し，緩やかに数回撹拌する。数分間待って，

油粘土の原型の上に石膏雌型を作るときに，最初に少しゆるい状態の石膏を指先ですくい弾き飛ばすように全面にひっかける。これは石膏にトロミが出たときに粘土の上に盛りつけると，粘土面に気泡が残ったり凹みに行きわたらなかったりするのを防ぐためである。

油粘土から作った石膏型は，これくらい浅い形だと容易に脱型できる。この石膏型の内面に塗料で目止めをした後FRP成形をした。色の濃いのが油粘土原型で，白い方が石膏雌型である。

少しトロミが付き始めたころを見計って，原型表面に塗る。これは刷毛を使わないで手で石膏液をすくい，指ではじき飛ばす要領で石膏面上に付けていく。

　この石膏は，FRP成形のゲルコート層と同様に雌型の表面を作るもので，まんべんなく原型面を覆っていなければならない。軟かい石膏液を原型面に流すと，往々にして型面に小さい泡が残ることがあるので，トロミが付き過ぎる前に指ではじくのが専門の彫刻家がする技である。

　トロミが足りないうちは，はじき付けた石膏は流れ落ちやすいから，まず原型の平らな面に付け少しずつ移動させると良い。原型面が白く，はじき付ける石膏液も白いので，どこまで覆ったのか分からなくなりがちだから，少量のポスターカラーや墨汁で着色しておくと，失敗を防ぐのに大いに役に立つ。

　この最初のトロミ層が固まったら，その上にどんどん石膏を盛り上げて全面を1〜1.5cm程度の厚みにすれば，石膏雌型ができ上がる。

　大きさによっては，前述のようにボロ布を芯材として補強するのも良いし，1㎡を超えるような拡がりを作るのであれば，さらに3cm角ぐらいの小割材で補強をする必要もあるだろう。小割材は少なくとも両端が石膏面に届くようにし，もし曲面形であれば，あらかじめ表面に添うように形を整えておく。小割材同志は針金でからげたり，釘打ちで組み立てるのだが，決して石膏の上に乗せた状態では打たないことが肝要である。石膏は固いようでも，もろいから衝撃を受けると簡単に割れてしまう。

　小割材を石膏面に固着させるにはボロ布に浸した石膏で包むようにして，布の端を型の石膏面上に拡げていく。固まった後は相当に強力に接着される。

雌型の石膏を盛り終わったら，充分硬化するように2〜3日置くのが良い。

　それから内側の原型を少しずつ壊して取り除き終れば，雌型が完成する。これを脱型という。

　さきに述べたように雌型の最初のトロミ層に着色しておくと，中身の原型の石膏との境界が明瞭に見分けられて具合が良いが，両方とも石膏の白色のままだと，気が付かないうちに雌型表面まで削ってしまうので注意しなければならない。

　このような脱型は，最初は要領が分からないので不安なものだが，石膏面どおしはカリ石けん液の離型作用が効いているから小部分ごとに気持よくはがれる場合が普通である。

　脱型後の石膏雌型は数日間，余裕のある限り乾燥させて水分を飛ばすのが望ましい。その後にFRP成形のための離型処理にかかるのである。これは材料の項で説明した通りで，

●目止めのラックニスを重ね塗りする。

●乾燥後にラッカー塗装をする。

●雌型の内面はもうパテ付けはしない。脱型の際に型面に傷を作ってしまったら石膏で埋めて水研ぎをしておく。できる限り後のパテ付けは避ける。これは雌型面は凹面であるから，その内面は研磨しにくいし，正確な形に復元できないことが多いのである。

●離型ワックスを塗る。自動車ボディに固形ワックスを掛ける要領で，全面にわたるように塗って乾いた布で空拭きをする。塗り残しのないようにワックス掛けは，少なくとも2回は行う。ワックスは10分ぐらい乾かした後に空拭きすると良い。

●離型剤PVAを塗る。原液を小容器にとり，入浴用のスポンジを一度水を含ませて固くしぼり，それでワックス掛けをした型面に塗り伸ばしていく。原液は粘り気があるので，少し力を込めて型面をこするように塗り拡げる。塗り残しがないように，また塗りムラがないように気を付ける。

　以上で石膏雌型の製作が完成し，続いてFRP成形にとりかかれるのである。

　発泡材型をパテ仕上げした面についてもこれと全く同じ工程で準備をすれば良い。

② 分割雌型の作り方

　これまでの説明は，雌型がプリン型のように一体型のままで作る方法だが，デザ

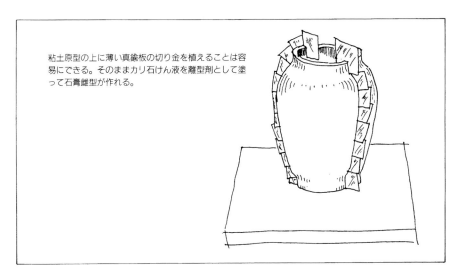

粘土原型の上に薄い真鍮板の切り金を植えることは容易にできる。そのままカリ石けん液を離型剤として塗って石膏雌型が作れる。

インによっては，そのままでは原型から抜けなくなる形はいくらでもある。それには雌型を数個に割れるように作らなければならない。

　まず，油土で原型を作った場合を考えてみる。

　雌型は1個の一体型のままでは取りはずせないのだから，型のどこに分割線を入れれば，それぞれのセクションが抜け勾配となるかを考える。ナイフの先端などで油土の上に軽く刻み線を引く。それに沿って0.2〜0.3mm厚みの真鍮板の小片を垣根を作るように差し込んで植えていく。そこに薄い真鍮板の塀ができるわけで，その両側に石膏を盛れば，石膏が固まった後に別々に取りはずすことができる。

　この真鍮板は切り金（きがね）といって，画材屋で売っているが，薄いトタン板でも差し支えはない。真鍮板を使うのは，水に触れても錆びないでくり返し使えるというだけのことである。

　石膏原型には，切り金を差し込むことはできないから，分割線に沿って水性粘土か油土で土手を作り，片側を型面に垂直になるようにナイフや彫刻ヘラで仕上げる。

石膏原型の上には切り金は植えられないから，粘土で塀を作って一方を平らな壁にして切り金の役目をさせる。一方に石膏雌型を作る。次に粘土の塀を取り除いて反対側の雌型を作る。

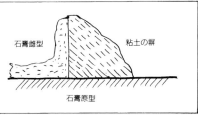

石膏雌型　　　粘土の塀

石膏原型

これができてからカリ石けん液を塗って片側だけの石膏雌型を作り，次に粘土を取り除いてから反対側を作る。

　石膏が固まってから，雌型を全体にわたって木槌かプラスチックハンマーで極く軽く叩く。その震動で原型と雌型の間がわずかに離れるから，切り金に沿ってマイナスドライバーとかパレットナイフの刃先を差し込んで，注意しながらこじ開けると脱型ができる。

③ FRP雌型の作り方（一体型の成形）

　せっかく石膏で雌型を完成させても，その中にFRP成形をするとほとんどの場合，脱型の際に石膏が壊れてしまう。

　製品を2個以上作るためには雌型はFRP成形で作るのが普通である。

　一体型の雌型を作るには，まず原型を木製の定盤の上に伏せた形で作っておくのが良い。製品の輪郭線が平面の定盤と一致しない曲線形をしていても，それは差し支えない。雌型の成形は原型をすっぽりと覆うように，そして周辺が定盤の上にまで拡がるようにする。つまり，縁につばがある帽子の形にするのである。このつばをフランジというが，これがあるために雌型の外周の剛性が大幅に高まり，変形をなくすことができる。原型が完成して定盤の上に固定させ，離型処理が終わったら雌型の表層を作るゲルコートの調合から始める。

■ ゲルコートの作業は化学実験

　ゲルコート用樹脂は積層用樹脂よりも硬化後の表面硬度が高く，光沢があって仕上がりが美しく，その上製品の表面を保護する作用がある。購入に際してはカタログを良く調べ，販売店の説明を聞いて注文する。

　まず，調合する容器を準備する。樹脂の調合は大変な汚れ仕事で，また硬化した残りは容器に固着してガチガチになり，ひとつのものをくり返し使うことはできない。使い捨てを考えて日頃から空き缶をとっておくのだが，1ℓのオイル缶，大きめの缶詰の缶，粉ミルクの缶などが使いやすい。

　樹脂量に対して硬化剤は1％前後という極くわずかの分量を加えるのだから，元になる樹脂量は決して見当ではなく正確に計る習慣を持つことが，失敗を防ぐ第一の注意点である。

　まず，缶の底面積を計算する。とはいっても，10㎠以内は四捨五入する程度で良

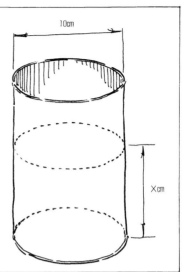

1リッターのオイル缶で樹脂を調合するときは分量を計算するためにまず底面積を計る。直径は10cmだから底面積は5×5×3.14となる。どんな容器でも暗算で早く計算するのには，円周率を3.15と考えれば0.15は3の5％つまり1/20だから半径2乗の数値の1割の半分を足せば良い。5×5×3.14≒75，7.5÷2≒4，75＋4≒80として，概算80㎠を底面積とする。300ccの樹脂を計るには深さ×cmを4cm弱とする。500ccは6cm強とする程度の大ざっぱで充分である。缶の中の樹脂の深さは割箸に刻みをつけてそこまで注ぎ込むようにする。

ただし硬化剤の量は計量カップで正確に計る。樹脂量の計り方の大ざっぱさと，矛盾するようだが分量の多い方は端数が少々狂っても全量にあまり影響しない。しかし，樹脂量の1％前後を計る硬化剤は少しの狂いが割合いを大きく動かすので気を付けなければならない。

い。1ℓのオイル缶を使う場合，直径がちょうど10cmあるから半径2乗×円周率を正確に計算すると78.50㎠となるが，大体80㎠とみなす。500ccの樹脂を計るのには底から6cm強注ぎ入れれば，おおよそその分量になる，といった程度の目安で足りる。空缶の中に深さ何cmまで液体を入れるというのも見当が付けにくいものだから，割箸に刻みを印し，そこまで注ぎ込むようにすれば良い。樹脂は普通の成形作業では1回に0.5ℓとか1ℓといった量で使うから，10ccや20ccの誤差はあまり影響しない。しかし，硬化剤の量は樹脂量に対して0.5〜2％ぐらいの範囲で加えるから，これは計量シリンダーで正確に計る。

　樹脂量と硬化剤の割合は，自分の作業時間がどのくらい必要かを考え，作業場の気温をしらべて硬化剤の量を決める。これは樹脂メーカーのカタログにこの三者の関係を示す表が記されているから，必ずそれによって量を決めるのが良い。

　これを怠ると，寒い時期には調合したゲルコートが何日経っても硬化しなかったり，また暑い日には調合している最中に固まり始めて作業ができなくなるという失

気温と硬化進行との関係

気温 ＼ 硬化剤量	0.5%	1%	2%	3%
30℃	$\frac{1}{2}$時間以下	$\frac{1}{4}$ $\frac{1}{6}$時間		
20℃	1時間以上	1時間	$\frac{1}{2}$時間	
10℃		3〜5時間	2時間以上	1時間

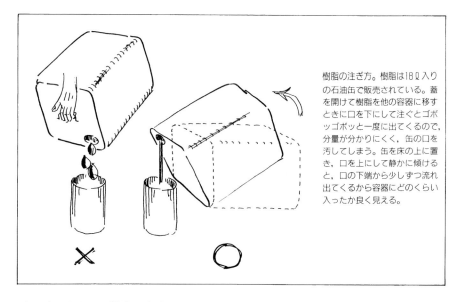

樹脂の注ぎ方。樹脂は18ℓ入りの石油缶で販売されている。蓋を開けて樹脂を他の容器に移すときに口を下にして注ぐとゴボッゴボッと一度に出てくるので，分量が分かりにくく，缶の口を汚してしまう。缶を床の上に置き，口を上にして静かに傾けると，口の下端から少しずつ流れ出てくるから容器にどのくらい入ったか良く見える。

敗は珍しくない。樹脂の調合は化学実験と同じで，決してカンなどが通用するものではないことを心得ていて欲しいのである。

　樹脂と硬化剤の関係をまず頭に入れておいて，硬化剤を加えるのはすべての準備が整っているかを確かめてからのことである。

　最初に型面に離型処理をする。この作業は丁寧に全面に離型用ワックスを塗り，空拭きを充分にする。これは少なくとも2回行う。離型用PVAを塗って乾燥させる。PVA原液が濃過ぎて塗り拡げにくい時には燃料用アルコールと水を少量加えて撹拌するのだが，寒い時期には往々にして良く混ざり合わないで困ることもあるので注意する。

　このPVA面が完全に乾燥するのを待ちながら，ゲルコートの調合をする。

　ゲルコート樹脂の硬化には硬化剤と硬化促進剤が必要である。

　促進剤は樹脂量に対して1％の分量を加える。この量は硬化剤の量に近いものだが，特に気温によって加減することはなく，常に一定の割り合いで良い。しかし，重要なのは促進剤を計る計量器と硬化剤を計るものと必ず2個用意することである。計量器はメスシリンダーでも実験用のピペットでも良いが，過酸化物である硬化剤と，その過酸化の酸素を吐き出させる促進剤が，同時に混ぜ合わせると急激な反応で猛烈に沸騰するし，量が多い場合には爆発の恐れもある。必ず別々の計量器で計

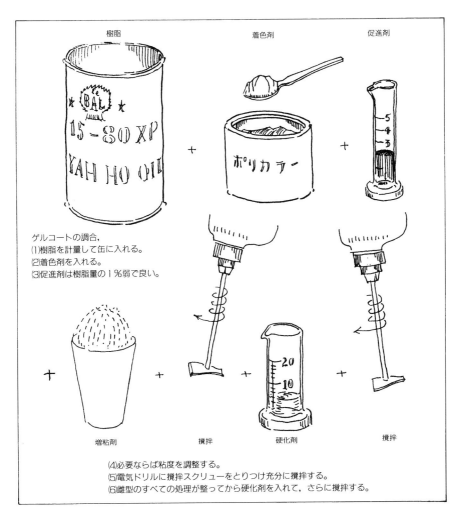

樹脂　　　　　　　着色剤　　　　　　促進剤

ゲルコートの調合，
(1)樹脂を計量して缶に入れる。
(2)着色剤を入れる。
(3)促進剤は樹脂量の1％弱で良い。

増粘剤　　　　　　撹拌　　　　硬化剤　　　　撹拌

(4)必要ならば粘度を調整する。
(5)電気ドリルに撹拌スクリューをとりつけ充分に撹拌する。
(6)雌型のすべての処理が整ってから硬化剤を入れて，さらに撹拌する。

り，促進剤を先に加えて良く撹拌し，ゲルコート樹脂中に充分に分散させておくようにする。

　硬化剤を加えた瞬間から，樹脂の硬化反応が進み始めるわけで，その前にゲルコート樹脂に着色をする。

　販売されているゲルコート樹脂はやや白濁した半透明の状態である。型の製作上，特に着色する必要もないのだが，外観を淡いグレーにしておけば感じが良いだけのことである。着色材はポリエステル樹脂用として作られたものが1kg缶入りで白，

黒，赤，黄など原色を中心に数種類販売されている。着色剤はマヨネーズ状の半塗りで，元の樹脂量に対して最大10％ぐらいまで混入できる。これは色によって樹脂の色付け作用の強いもの，弱いものがあり，たとえば白や黄のような淡色は，いわゆる染まりが弱く，赤，紺，黒などは染まりが強い。それによって好みの色調が出るように加減するのである。

　ゲルコート仕上げをする製品を作る場合には，数種類の色を混ぜ合わせて調色するが，これも色の強さで微妙な調合をしなければならない。

■ ゲルコート樹脂の調色

　たとえば真白い製品を作りたい場合，白い着色材は染まりが弱いから，元のゲルコート樹脂量に対して最大量10％を加える。

　着色材はメスシリンダーで計ることは不可能なので，調理用の計量スプーンを使えば良い。撹拌は棒を使って手で回したのでは全く不充分で，必ず電気ドリルの先に小さい撹拌用スクリューを付けて行う。このスクリューは市販では塗装用の大型のものしかないから手作りをするのだが，直径6mmぐらいの丸棒の先に1mm厚の鉄板を幅10mm，長さ30mmぐらいに切って溶接し，ごくわずかひねってピッチを付ける。これはドリルの回転で樹脂の流れが前方へいくようにする。誤ってピッチの向きを逆にすると，樹脂はドリルを持つ自分の手元に飛んでくるから注意しなければならない。スクリューは最初に樹脂の中に入れておいてから，ドリルのスイッチを2〜3秒づつ断続的に回転させ，缶から跳ね出さないように気を付けながら充分に撹拌する。

　もうひとつの注意は，真白い調色のためにコバルト6％入りの促進剤Nを使うと，淡いピンク色になってしまうので，スチレンモノマーという溶剤で5倍以上に稀釈し，さらに促進剤量が0.3％ぐらいになるように計算して入れる。

　その場合には硬化剤の割合を増すのだが，これはメーカーに問い合わせるか，少量の樹脂でテストをして硬化具合を確かめておくのが良い。

■ 淡色の調合

　ベージュの色調を作るのにもちょっとした要領がある。

　まず，白をベースに極くわずかの黒，茶，青，黄などを加えて好みのベージュを作るのだが，この微量の着色材を量の多い樹脂の中に均一に分散させるのは，そのままでは非常に困難なので，不要のガラス板か金属板の上にスプーン1杯ばかりの

樹脂をとり，少量の黒をパレットナイフで伸ばすようにすると濃いグレーができ，これを元の樹脂に加えて改めてスクリューで撹拌する。純白の状態から極く薄いグレーにするのを "調子を落とす" というが，この落ち方が足りないようならば，この手順をもう一度くり返す。

　黒で調子を落としただけでは面白味がないので，茶（錆ともいう）と黄をわずかに加えると温みのあるベージュになる。この場合，赤を加えるとピンクに調色されてベージュにはならないで困ることがある。

　色の感じは全く個人的な好みによるもので他人が決めることではないが，この白をベースにして他の色をわずかずつ加えて，その変化を見ていくのはなかなか楽しい作業である。しかし，ひとたび誤ると往々にして収拾が付かなくなり，意図しない色の樹脂が大量にできて無駄になる失敗もある。そうならないためにも，あらかじめ絵の具などで，どの色を混ぜ合わせると目的の色調が得られるかを確かめておくのも良い方法である。

　好みによっては，調子を落とすのに黒の混ぜ合わせで色の濁るのを嫌い，ベージュには濃茶（錆）と黄，冴えた感じの白には青を微量入れる場合もある。

　塗料会社で発行しているカラーサンプル帳には，ひとつの色の配合率が％で示してあるから着色材の混ぜ合わせに大変参考になる。

■ 粘度の調整

　調色ができたゲルコート樹脂は，硬化剤を加えれば直ちに型に塗れるのだが，刷毛塗りか吹き付けにするかで粘度を調整する必要がある。

　アマチュアの作業では，刷毛塗りが簡便で良い。刷毛は適当なもので間に合うが，できれば50mm幅ぐらいの平刷毛が使いやすい。FRP材料の販売店では豚毛の腰の強いゲルコート用刷毛を扱っている。

　ゲルコート樹脂は粘度を増すための増粘剤（充てん剤）をあらかじめ混入してあり，型の縦面で流れ落ちを防ぐ（遥変性を付ける）ようにしてあるが，刷毛塗りでは，もう少しトロミを増した方が具合が良い。増粘剤の種類には炭酸カルシウム，珪酸マグネシウム，滑石（タルク），ガラス微粉末，シリカなどがあり，アマチュア用の材料でも少量ずつ販売されている。なかでも日本アエロジル社製のアエロジルが経験上使いやすいが，これは非常に軽い微細な粉末で，樹脂粘度を高める効果が優れている。冬，夏の違いで樹脂自身の粘度に差が出るが，常温でゲルコート樹脂500ccに対し1/3量ぐらい加えられる。これが多すぎると固くホイップした生クリー

ム状になり，刷毛で平らに伸ばしにくくなり，少ないときにはまだ流動性があって，垂れて低い個所に溜ってしまう。

　刷毛塗りは厚くボテボテにならないように平らに伸ばし，刷毛目の山と谷がないように気を付けて，また凹部に溜って塊りができやすいので，すくい出して拡げて塗る。

　ゲルコートを塗り終えたら刷毛の樹脂を直ちに紙で拭き取り，固型石けんで充分に水洗いをしておかないと，そのまま固まって二度と使えなくなってしまう。

　気を付けなければならないのは，この水洗いをした刷毛を次に使うとき，水気が残っていると新しいゲルコートが白濁し硬化しなくなるから布で良く拭き，さらにドライヤーなどで乾かしてから使用することである。

■ ゲルコートを塗る

　プロの作業では通常ゲルコートは吹き付けにする。そうするには，逆に粘度を下げるために稀釈剤を加える。これにはスチレンモノマー，アセトンなどを使う。

　吹き付けでは塗り厚が平均して具合が良いのだが，そのためには連続 5 ～ 7 kg/㎠ の圧力が保てるコンプレッサーとゲルコート用のノズルを持ったスプレーガンと塗装ブースの設備が必要である。刷毛塗りにくらべ臭気が非常に強くて拡がりやすいから，住宅地では無理がある。

　刷毛塗りと同じように作業が終わったら，直ちにスプレーガンを充分にシンナーで洗って空吹きをしないと，ガンが使えなくなる。

　ゲルコートの調合は非常に微妙で，しかも気温の影響を受けやすいこともあるが，これは化学実験のつもりで，計量を慎重に手順良く進めれば失敗を恐れることはない。一応まとめとして工程を整理しておくと以下のようになる。

- ゲルコート樹脂を計量する（1 ㎡に300ccぐらい）。
- 促進剤Nを樹脂量の1％加える。
- 着色剤で調色をする。樹脂量の最大10％とする（充分に撹拌する）。
- 増粘剤を加える。樹脂量の1/4～1/2量前後で具合を見る（充分に撹拌する）。
- 硬化剤を加える。

　硬化剤の量はメーカーのカタログデータを参考にするのが良いが，目安として気

124

温と硬化開始までの可使時間の関係を119頁に記しておく。

　ポリエステル樹脂は（ゲルコートばかりでなく積層の場合でも），気温が高いほど硬化は速く進むのだが，紫外線を当てることでも速められる。ゲルコートを塗り終わった型を日当たりに置くと速く硬化させられるから，気温の低い時期の作業でこの太陽の光の効果は大変大きいものがある。当然ゲルコートを塗る作業は日当たりを避けて行うようにする。

■ ガラス繊維の積層

　雌型に塗ったゲルコートの硬化を確かめるには，缶に残った分を指で触れてみる。トロリとして流れる状態は硬化は進んでおらず，プリンのようにブヨブヨして力を込めるとポロリと欠けてくるのは，まだ硬化が不充分な状態である。少し時間を置くとゲルコート層は固くカチカチになり，表面に触れてサラサラとした滑らかな手触りとなる。

　それから，次のガラス繊維を張り重ねる積層の作業を始める。

　まず，使うガラス繊維の種類を決め，型の全面を覆う分量を裁断する。

　一般的には製品の大きさが縦，横，高さで50cmぐらいのものであれば，積層するガラス繊維は全面に#450マットを3層，周辺にさらに2層重ねれば本体は約3mm厚，周辺で4〜5mm厚に成形できるだろう。このくらいの雌型を作れば，10個ぐらいの製品は楽に作れるだろうが，ひとつの型で50個以上作る計画であれば，もう少し強度を高めるために本体全面にさらに#750のロービングクロースを重ね，周辺部も厚みが6〜7mmになるように，マットとロービングクロースを加えて成形するのが良い。

　マットを裁断するときは，原型の表面を一度にカバーするのではなく，ほぼ30cm角ぐらいの大きさに切り取り，その単位面積が全体を3層に覆う分量を準備する。これは30cm角ぐらいの面積を成形しながら次々とつなげていくほうがやりやすいからである。マットは決して突き合わせにしないで，互いに3〜4cm幅を重なり合わせるようにする。これは1枚のマットと次の分の繊維が重なるようにするためである。

　しかし，あまり神経質に正確な表面積を気にすることなく，まず1m幅のマットのロールを30cmに数本裁断して，あとは原型表面の形に応じて手で千切りながら成形していけば良い。周辺の補強用には10cm幅と5cm幅を数本切っておく。

　マットの裁断はゲルコートの硬化を待つ間に用意しておき，積層用の樹脂を調合する容器も準備しておくと効率的である。

積層用の樹脂は硬化剤を加えるだけで硬化する。通常，促進剤Nは既に混入されているし，アエロジルや着色材も入れる必要はない。硬化剤の分量はゲルコートと同じようにメーカーのカタログデータにしたがって，気温と作業に必要な時間を予測しながら計るのである。

　原型の形によって作業時間は大幅に異なるが，最初は樹脂を0.5ℓ，常温で硬化剤を1％ぐらいから始める。夏季には0.8～0.5％，冬の気温の低いときは1.5％という具合に硬化剤量を加減する。

　樹脂を塗るには，どんな形の型にもFRP用のウールローラーが使いやすい。これは幅7～8cm，太さ3cmほどの木芯に柔らかい毛足のじゅうたんを張り付けた体裁で，樹脂を良く含み，マットの上を転がして繊維の中に樹脂を染み込ませるのに具合が良い。

　成形は，まず型の周辺部のフランジを作るところから始める。

　定盤に据えた原型の外周部分で，さきに切っておいた幅の狭いマットを定盤の上に置く。外周が曲面で一直線にならなければ，マットを10cmぐらいに手で千切って並べる。

　ローラーに樹脂を含ませ，マットの上を数回ころがして染み込ませる。次に型面

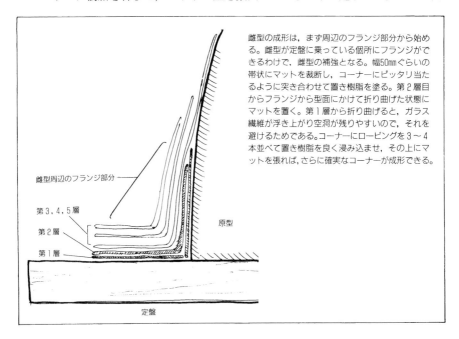

雌型の成形は，まず周辺のフランジ部分から始める。雌型が定盤に乗っている個所にフランジができるわけで，雌型の補強となる。幅50mmぐらいの帯状にマットを裁断し，コーナーにピッタリ当たるように突き合わせて置き樹脂を塗る。第2層目からフランジから型面にかけて折り曲げた状態にマットを置く。第1層から折り曲げると，ガラス繊維が浮き上がり空洞が残りやすいので，それを避けるためである。コーナーにロービングを3～4本並べて置き樹脂を良く浸み込ませ，その上にマットを張れば，さらに確実なコーナーが成形できる。

雌型周辺のフランジ部分

第3，4，5層

第2層

第1層

原型

定盤

側にもマットを置いて樹脂を塗り，さきのマットと端を突き合わせて置くことで，そこにフランジのコーナーが作られる。2枚のマットは端を合わせただけで繊維が連続していないから，次に大きいマットをフランジから型面へかけて折り曲げてかぶせるように置いて樹脂を塗る。

この最初の突き合わせは，コーナーの内角に繊維を詰めて空洞ができないようにするためで，最初の1枚目から折り曲げのまま成形すると，ガラス繊維の弾力でマットが浮き上がり，そこに気泡が残っていわゆるすができる恐れがある。

マットの張り付けは30×30cmぐらいの大きさごとに仕上げながら，成形個所を拡げていくのだが，たとえばマット3層を雌型の厚みとすると，1個所を一度に3層張ってしまう。フランジ周辺は5層ぐらいに補強するから，これも必要枚数を張り終わり，次の個所を新たに始めるようにする。

型全面をまず1層張り，さらに2層目を全面に張るという具合にすると，予定の3層を終わる前に最初の層の硬化が始まり，反応熱で表面が熱くなり，次の層を重ねると，これもたちまち硬化し，果てには反応熱がローラーにまで伝わって，それも固まるという事態になってしまうから，それを避けるのである。

一層を張るときは，ローラーに充分に樹脂を含ませてマットの上を転がしながら染み込ませつつ，マット内の小気泡を追い出すようにする。続けて脱泡ローラー（固い毛足の歯ブラシ状のもの）を数回転がすと，気泡をつぶしながらマットの端の方に追い出すことができる。

2層目はローラーには樹脂を付け過ぎないようにして，1層目の余分な量を2層目のマットに吸い上げる具合に張る。3層目は様子を見ながら樹脂を補給する，というふうにいたずらに樹脂をダボダボとあまらせないようにすると，綺麗な成形面に仕上げられるし材料も経済的となる。

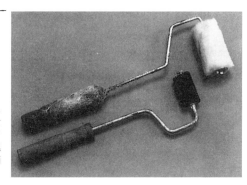

大きい方が成形用ウールローラー。長い期間使ってきたので，ガラス繊維のくずが樹脂で固まっているが，ローラーは交換できる。小さいのはナイロン製の脱泡ローラー。成形面の上を転がすと毛先が繊維の中に残っている気泡を追い出し，表面を平らにならすことができる。

成形作業にもし助手が頼めて，マットの供給，樹脂の調合と補給などをしてもらえれば，作業を非常に能率良く進めることができる。

　マットを張り付けている間は，利き手側にローラーを持ち，こちらの指先はできるだけ樹脂に触れないようにする。作業中にハサミやカッターを手にすることもあるし，他の道具を樹脂で汚さない習慣を付けて，もう一方の手は汚れても仕方がないものとする。

　樹脂の汚れはラッカーシンナーかアセトンで容易に洗い落とせるから，広口のジャムのビンにシンナーを入れておくと，ときどき指先を洗うために大変便利である。

　積層中はどの部分に何層張ったかを覚えておき，足りない個所がないように気を付ける。そのためにも1区画ずつ区切って仕上げていくと間違えないで良い。

■ 積層が終わったら

　積層が終わったら，ローラーは紙で樹脂を絞り取り，一度シンナーにくぐらせるように軽くゆすぎ，固型石鹸を付けて水洗いをする。水を流しながら何回も石鹸を付けて樹脂分のベトベトがなくなるまでくり返して洗い，乾かしておく。

　作業が終わった安心感からこれを忘れると，ローラーは樹脂とともに固まり二度と使えなくなってしまう。手入れさえ気を付ければこんな道具でも相当期間使えるもので，作業の心得として習慣づけると良い。

　作業中に道具に付いた樹脂を拭き取るのに，古い週刊誌とか電話帳を破り取って使うと便利である。

　樹脂で汚れたハサミなどもそのままにせず，柄をシンナーの広口ビンに漬けておくと，次の作業のときまでにすっかり洗い落とされていて具合が良い。

　作業を能率的に，また気持ち良く続けるのにも，ひとつの段階の区切りで次の準備をしておくことが流れをスムーズにさせるコツでもある。

　また，樹脂，硬化剤，溶剤のシンナー，アセトンなどは危険な可燃物であることを充分に認識し，火気の管理には十二分に気を付けることが肝要である。

4 FRP製分割雌型の作り方
■ 切り金を作る

　FRPで分割型を作るのも基本的には石膏型のときと変わりはない。

　あまり大きくないサイズで簡単に1個か2個を作る場合は，原型の上に簡便な方法で水粘土や油土で切り金用の土塀を築いて成形してしまうのも良いだろう。

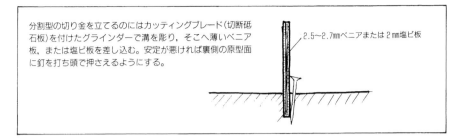

分割型の切り金を立てるのにはカッティングブレード（切断砥石板）を付けたグラインダーで溝を彫り、そこへ薄いベニア板、または塩ビ板を差し込む。安定が悪ければ裏側の原型面に釘を打ち頭で押さえるようにする。

2.5〜2.7mmベニアまたは2mm塩ビ板

　この土塀の片一方側を成形し、それが硬化した後に土塀を取り除き、残った反対側に離型処理、ゲルコート塗りをしてさらに成形する。

　水粘土の水分と冷たさや、油土の油性分でそこに接触しているゲルコートや樹脂の硬化が少々不完全になる場合もあるが、時間が経つと硬化してくるからほとんど問題はない。

　しかし、やはりきちんとした切り金を植えると、綺麗で正確な雌型ができる。

　くり返していうが、原型は形の大きさに関係なく全体をひとつの形に仕上げる。自動車のような大型のものでも、ドア、ボンネット、トランクリッドなどすべて閉まっている状態に作る。それで完成時の全容が見られるからである。原型全体ができてから分割線上に切り金を植えるのだが、パテ仕上げされた石膏型、木型などには粘土型の場合のように切り金を差し込むわけにはいかない。

　ドア、ボンネットなどの開口部はまず、原型表面に細目のマジックで分割線を正確に画く。もちろん、初めは柔らかい鉛筆で下書きをして、デザインラインが決まったら定規やコンパス、カーブ定規を使ってマジックで決定線を引く。次に、これは少々技術を要する作業だが、ハンドグラインダーに100mm径2mm厚の切断砥石（カッティングブレード）を取り付け、分割線上に沿って深さ3〜5mmの溝を切り込む。グラインダーを両手で持ち、ブレードは型面に直角に当て、回転方向は削った粉が前側に飛ぶようにし、さらに左手の中指、薬指、小指を伸ばして型の表面に触れて滑らせ、グラインダーのガイドとしながら、手前へ引くのがコツである。

　カーブはブレードを軽く当てて浅い溝を掘る。グラインダーを引くのをできるだけ遅くし、分割線上をはずれないように気を付ける。カーブの曲率が小さいところには、使い込んで径が小さくなったブレードを利用するとうまくいく。

　切り金としては2.7mm厚（建材用の最も薄い）ベニア板を使う。これはカッターかハサミで容易に切ることができる。輪郭線に沿って切り抜いたベニアをさきの溝の中へ差し込むと、案外うまく立って格好の切り金となる。固定の具合が緩い場合には

石膏原型上に分割型用の切り金を立てる。
これは2mm厚の塩ビ板を使っている。

裏側に20mmくらいの細釘を打ち込むとしっかりする。

　形によって溝が掘れない部分や，極く小さい曲率でベニア板が曲げられない個所の切り金はトタン板を曲げて作り，裾を裏側に折り曲げて釘で型に止める。型面に傷が付くが，これは一方の雌型フランジの成形後，ベニアやトタンの切り金を取り除いて残った側の成形をする前にパテ，油土などで修整が可能である。傷の小さいものは離型ワックスで埋めるだけでも良い。

　ベニア板を差し込んだ根元の型面も，グラインダーのブレードの削り傷ができるが，これもワックスを押し込めば充分である。原型表面で凹面の傷があっても雌型になったときにゲルコートの凸面となるので，これは#240〜#400の耐水ペーパーで型面まで削り落とせば良い。

　ベニアやトタンの切り金は，型面に固定前に離型のワックス掛けをしておき，取り付け後に離型材PVAを塗り，ゲルコートを施して成形にとりかかる。

■ フランジ面の位置決め用ホゾ

　成形が終わった雌型は，フランジの合わせ個所で分割され，製品成形のために当然フランジを再び合わせて型を組み立てるわけだが，往々にしてフランジ面がうまく合わないで，型表面に段違いが生じることがある。そのままFRP成形すると製品表面にこの段差が再現されて後の修整に大いに苦労するので，フランジ面の位置決めが正確にできるようにあらかじめ注意すべき作業がある。

　まず，切り金として粘土で塀を作る場合，フランジを成形する面に幅1cmぐらい，長さ2〜3cmの舟型の凹みを掘っておく。

　ベニア板を切り金とする場合には，逆にその面に同じくらいの大きさの舟型を木

塩ビ板の切り金は重なりのところで段ができるが，それはそのまま
雌型フランジ上に再現され，両方の型を合わせる位置決めに役立つ。
しかし，普通は切り金の上に粘土か木片で突起物を作って張り付け，
ホゾとする。型のフランジ上にはホゾの形の凹みができ，反対側を
成形すると突起が作られ，それが合わさって型面の位置決めが正確
にできる。

で削り出し接着剤で固定しておく。

　これで成形すると粘土の方ではフランジ面に舟型の凸部，つまりホゾができるし，ベニアの方では凹部のホゾ穴が形作られる。そして，引き続き成形されるもう一方側のフランジには，今の凹凸が逆になる形が作られ，そこで2枚のフランジ面の位置決めがピッタリとできるのである。

　この場合，気を付けることは一方の雌型の成形が終わって切り金を取り除いた後に型が硬化したからといっても，絶対に原型から脱型してはならない。脱型をすると雌型はわずかでも原型からずれるので，次に作る側の型との関係位置が狂って，せっかくのホゾの役目が無駄になるのである。

　両側の雌型の成形が終わったら，脱型する前に2枚のフランジが合わさった状態のまま，これを貫通するように6.5〜8.5mmϕの孔を30〜50cm間隔に開けておく。これは後に雌型を組み立てる際にフランジを締め合わせる6〜8mmϕのボルトを通す孔

原型の上にゲルコートを平刷毛で塗る。手前側をまず雌
型の成形をして，硬化後に塩ビ板の切り金を抜き取り，
反対側の成形をする。

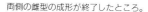
両側の雌型の成形が終了したところ。

ボディ本体の雌型成形を終え、テールパネルをこれから作る。周辺のフランジは既にできている。

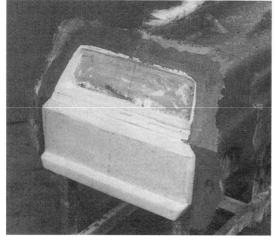
テールパネル原型上にゲルコート塗り終了。両側下方のフランジ上に合わせ用のホゾ孔ができている。本体成形のときに立てたフランジ用切り金の上に粘土の小片を付けておき、その上から成形すると雌型のフランジに凹みの孔ができる。

テールパネル雌型を原型からはずしたところで，
下側のバンパーとなる石膏部分がこわれて，雌型
内部に残っている。

コニリオクーペ石膏原型のルーフの上面にドアが大きく
切り込まれる個所，100mm径のカッターブレードで丁寧に
輪郭線沿いに深さ数mmの溝を彫り，ここに切り金を植え
る。丸いところは1mm厚のアルミ板を使う。溝幅があま
った部分は離型用ワックスで埋める。

コニリオクーペのキャビン雌型。オープンタイプのボデ
ィの上に石膏でクーペの原型を作り，さらに雌型の成形
をしたところ。フロントのウインドシールド，左右ドア，
ルーフ，リアクォーターパネル，リアウインドと7個に
分割できるように作った。

クーペキャビン雌型を原型から脱型した後にベースにす
るオープンボディ上に設置し内面をボディと接着する。
あらかじめルーフ，リアクォーターパネル，ウインドシ
ールド枠などは成形しておき，ベースのボディに接する
部分だけをつなげるようにする。

である。

　型の合わせは，さきのホゾの凹凸で正確にできるから，組み立て用のボルト孔はボルト径より0.5mm大きめにしておくと組み立て，分解が非常に楽である。

■ 製品の縁に作るフランジ

　ボンネットやボディ本体の裾を，スカートが下がったままの形で作るには輪郭線の縁を綺麗に仕上げなければならない。しかも，一枚のパネルが垂れ下がったままの裾では剛性が不足でヘナヘナと変形し，形が定まらないこともある。これを防ぐことと，輪郭線を同時に仕上げるには，スカート裾に折り曲げたフランジを作るのが良い。むしろ，これは原型を作るときの仕事なのだが，図で示すように雌型の抜け勾配に沿う傾斜を持ったフランジを製品側にできるように考えて原型を作る。そしてスカート裾とフランジの折り目にエッジを作るとそこが見かけ上の輪郭線となり，形が美しく定まり強度も増す。

　スカート裾から直角に内側へ折り曲げたフランジを作るには，原型の輪郭線が決まった段階で内側にベニア板，ビニール板などを当て板として固定し，ボディ外方へ数cm出しておき，雌型を成形する。製品を作るときにさきの当て板と型側のフランジをネジ止めかクランプで合わせて成形をすれば，製品では内側に向いた良いフランジが作れる。

　実車のホイールアーチの部分を観察すればこのフランジがさらに内側へ延びて，フェンダー内側の泥除けと補強になっているのが理解されるだろう。

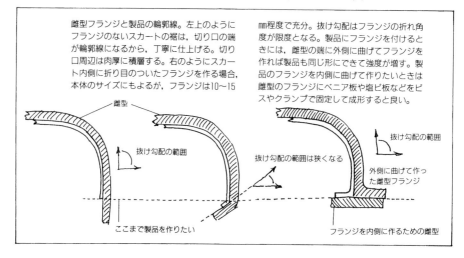

雌型フランジと製品の輪郭線。左上のようにフランジのないスカートの裾は，切り口の端が輪郭線になるから，丁寧に仕上げる。切り口周辺は肉厚に積層する。右のようにスカート内側に折り目のついたフランジを作る場合，本体のサイズにもよるが，フランジは10〜15mm程度で充分。抜け勾配はフランジの折れ角度が限度となる。製品にフランジを付けるときには，雌型の端に外側に曲げてフランジを作れば製品も同じ形にできて強度が増す。製品のフランジを内側に曲げて作りたいときは雌型のフランジにベニア板や塩ビ板などをビスやクランプで固定して成形すると良い。

雌型

抜け勾配の範囲

抜け勾配の範囲は狭くなる

抜け勾配の範囲

外側に曲げて作った雌型フランジ

ここまで製品を作りたい

フランジを内側に作るための雌型

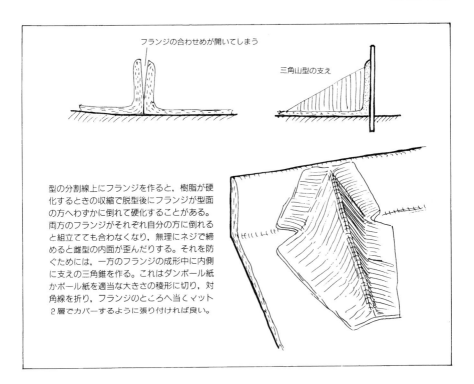

フランジの合わせめが開いてしまう

三角山型の支え

型の分割線上にフランジを作ると，樹脂が硬化するときの収縮で脱型後にフランジが型面の方へわずかに倒れて硬化することがある。両方のフランジがそれぞれ自分の方に倒れると組立てても合わなくなり，無理にネジで締めると雌型の内面が歪んだりする。それを防ぐためには，一方のフランジの成形中に内側に支えの三角錐を作る。これはダンボール紙かボール紙を適当な大きさの稜形に切り，対角線を折り，フランジのところへ当くマット2層でカバーするように張り付ければ良い。

■ フランジの補強

　型面から直角に立ち上がったフランジは，長い距離の個所で樹脂の収縮のために内角側に引き寄せられ，傾斜して硬化することがある。2枚のフランジが互いに反対方向にわずかでも傾斜していると，組み立てるときに型面が歪んで形が狂ってしまう。これを防ぐには，フランジの内角側に支えを作って倒れない工夫が必要である。内角コーナーに適当な芯材を置いて#450マット2層ほどでカバーすると効果的な支えができる。

　芯材は木材か発泡材で形を作っても良いが，簡便な方法は段ボールを四角形に切り，対角線上を2つ折りにして内角に置く。その上をマットが型面とフランジ側に拡がる形にして成形する。

　フランジ補強は芯材で突っ張るのではなく，硬化したマットが力を受け持つのだから，内側の芯材は段ボールのような弱い部材でも充分だし，型の成形面にピッタリと接触していなくても差し支えない。

■ 大きい雌型の補強

　大型のデザインに挑戦するときは，当然に雌型も大きくなる。

　自動車のボンネットなどでも表面の長さで縦横が2mを超える形は珍しくないし，ボディ側面の前後フェンダーの長さが4mにもなることがある。

　雌型を肉厚に成形し，周辺にフランジを回らせたとしても原型からはずすと，ユラユラと頼りなく変形するものである。変形のまま製品を成形しお互いのパネルを組み立てて接着すると，とんでもなく歪んだ形になって後で修整が効かなくなる恐れがある。そこで，まず雌型を脱型する以前に正しい状態が保てるように補強しなければならない。

　補強には，もうひとつ大事な役目がある。

　ことに自動車のボディ形状はほとんどの場合，大きい丸っこい塊だから，たとえばそのボンネットの雌型は大きなゆで卵からはずした殻のようなもので，地面に置いてもゴロゴロして極めて安定が悪い。それで雌型の姿勢を安定させるために，補強の部材は同時に脚の役目を兼ねる形に工夫するのが良い。

　一例として，最中の殻の片側のような雌型ができたとすれば，補強にはこの外側に木の板を張り付けて台の形に作る。

　それには12mm厚みのコンパネなどが，安価な材料で使いやすい。必要な大きさ，雌型の横幅，つまり型が変形しやすい向きを押える位置に当たる具合に作るのだが，

ボディ両側面と天井の雌型を組み立ててあるが，周辺に5×4cmぐらいの角材で四角い枠を作り，補強としている。これは英国車マルコスの例である。

コニリオのドアシル。リアデッキの雌型内に成形したところ。型は4個に分割して作り、形がくずれないように1.5×9㎝木材の補強が付けられてある。

ドアシルとリアデッキが一体となって成形されている。前の図の雌型の中に作ったもの。

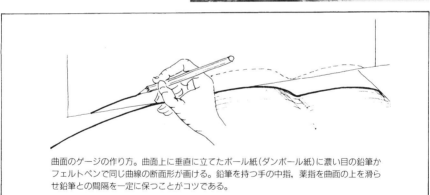

曲面のゲージの作り方。曲面上に垂直に立てたボール紙(ダンボール紙)に濃い目の鉛筆かフェルトペンで同じ曲線の断面形が画ける。鉛筆を持つ手の中指、薬指を曲面の上を滑らせ鉛筆との間隔を一定に保つことがコツである。

　雌型の曲面に合うように板を切り抜くのが結構難しいから、大きめのダンボールで型取り(ゲージを作る)を試みる。

　ダンボールは型面に直角に当て、片手に鉛筆を図のように持って中指をガイドとして型面上を滑らせると、おおよその輪郭線が画ける。

　この補強板の輪郭線は型の表面にピッタリ当たらなくとも、数mmの誤差は全く無視して良い。ただし、注意するのは型のセンターラインまでの半分の形でゲージを作り、反対側の半分はゲージを逆に当てて様子を見る。

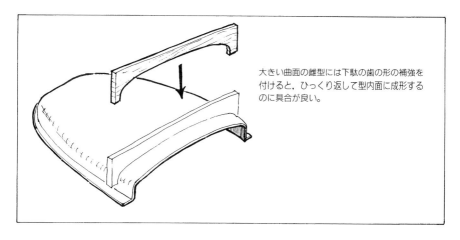

大きい曲面の雌型には下駄の歯の形の補強を
付けると、ひっくり返して型内面に成形する
のに具合が良い。

　片側分のゲージができて、それをひっくり返して反対側にうまく当たるようだっ
たら、改めてゲージのセンターラインを確認し、ベニア板に画き写して切り抜く。
　この補強板をマット2層程度で雌型外側に張り付けるのだが、一枚だけ立てても
不安定で倒れやすいから下駄の歯のように2枚並べて切り抜き、あらかじめ他の部
材で四角い枠に組み立てておき、それを雌型に乗せて接着する。補強板と雌型の間
には#450マットの5〜6cm幅の帯をはさみ、さらに10〜15cm幅のマット2層で補強
板を張り付ける。

　製品の形がさらに大型なもので、雌型も大きいセクションを数個組み合わせて作
る自動車ボディになると、この幾つにも分割されたセクションを正しい位置関係に
保ちながら、型内部の成形をしなければならない。
　たとえばオープンカーのボディで、型の分割は両サイド、トランクの上側、その
うしろのテール、フロントの方はボンネットの上側とスカットル部分、ボンネット
前方のグリルを囲む部分というように5個か6個の大きいセクションに分けられる
だろう。
　このように大きい数個の雌型を補強する部材は、コンパネではなくて2.5〜3cm
厚、9cm幅の断面を持ついわゆる間柱材を使うと一層ガッチリと組み立てることが
できる。9cmの幅ではデザインによっては型面への当たり長さが不足することがあ
る。そのときには、この間柱の両側に型の輪郭線に合わせて切り抜いたコンパネを
打ち付け、それをマットで張る方法をとる。
　そして、この間柱材が補強部所の雌型外側を一周して取り囲むように配置し、互

いに重ね合わせた個所を 8 mm φ のボルトで締めて組むのである。この場合, 雌型を 4 本の部材で取り囲み, 4 個所の締め付けにボルトを用いても四角い枠は自由に動いてしまうから, 少なくとも 1 〜 2 個所に筋交いを入れて三角形を作り, 元の形を保つようにする。

　もちろん, これらの補強は原型の上にそれぞれの雌型を成形し終わって脱型する前に行う。原型の上に成形された雌型は, 原型にピッタリと付いていて如何にも堅固に見えるが, ひとたび脱型した後に雌型のみを組み立ててみると意外にユラユラとするものだから, この筋交いは絶対に必要である。

IX. 特殊な雌型の製作

　前項では，ごく一般的なFRP成形の技法としての雌型の製作法を述べた。しかし，自分が作りたいデザインで形が少々複雑なものになるとさまざまな工夫が必要で，それぞれ雌型の作り方や，分割ラインの採り方などひとつひとつ条件が異なっていて，それに対応する工作をしなければならない。

　基本的には原型を作っていく段階から，雌型をどこで分割するか，雌型の内側に成形の作業がやりやすいか，抜け勾配は充分にあるか，などを考えながら作業を進めるのだが，この成否も何回かの経験をくり返すことで得られる知恵でもある。

　それは，単に左右対称が良くできているとか，表面が綺麗に磨き上げられているとかの問題ではない。たとえばドアやボンネットなどの開口部で，蝶番のシャフトをどこに置けば他と干渉しないでスムーズな開閉ができるか，開けたときのドアシルやキャッチはどうするか，エアダクトやルーバーを付けたい，ヘッドライトを埋め込みにしたい，など自分のアイディアや希望が一杯になるにしたがい，不明な点，設計図に画き表せない部分など問題点はいくらでも多くなるのが普通である。

　外観のデザインラインばかりでなく，内部機構の設計は将棋の進め方のように二手も三手も先を読みながら形を考えるものだが，これもたちまち頭が混乱して行き詰まってしまうのがおちで，ドアなどの動く部分は簡単な材料でモデルを作ってテストして見るのも良い。

アマチュアの設計法としては，あまり深刻に紙の上の図面をひねるばかりでなく，まず原型を仕上げて個々の雌型を作って，さらにその中にドアやボンネットの可動部品を作り，実物を再び原型に当てはめながらドアシルなどを現場で考えていく，という少々場当たり的な手段が，結構その先の道を開いてくれるものである。

1 オープンボディの雌型

オープンタイプの小型ボディの製作をテーマとしてみる。

まず，原型はデザイン上の開口部，つまりドア，ボンネット，トランク，リトラクタブルヘッドランプの蓋，ガソリン注入口の蓋などすべて閉じた状態に作る。そうすることでデザインの輪郭線，ボリュームの感じ，ハイライトの通り方，面と面のつながり，山（ふくらみ）と谷（くぼみ）のつながり方などデザインのメインテーマやモチーフの処理の具合が実物大で確認できるからである。

少々古い引用だが，コニリオの工作過程を再び例に採り上げて見たい。

■ 透明カバーと埋め込みヘッドライト

これはレーシングカーとしてグランプリレース出場を目指し，軽量化，空気抵抗の減少，スマートなデザインをテーマに考えた。

少々工作は複雑になる覚悟でヘッドライトを埋め込み，アクリルカバーをかけたいと思った。ライトは当時のベレットに使われた横長変形の新型を採用した。

最初にアクリルカバーの雌型を作る。原型のボンネットのノーズにアクリルカバーの輪郭線を刻んでおき，#450マット4層，#750ロービングクロス1層を張り，さらに木枠をガッチリと組み付けた。これは後に3mm厚のアクリル板を真空成形あるいはホットプレスの型とするために，特に頑丈にする必要があったからである。

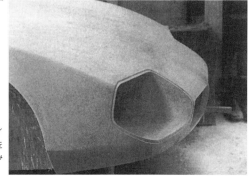

ヘッドライトカバーの型を作り終えてから，ライトウェルの原型を作る。この奥にヘッドライトを取り付ける。ウェルの周辺にカバーが落とし込みになる段が設けてある。

コニリオのヘッドライトカバーは，アクリルまたは塩ビの透明な板を使ってプレスをして作る。そのためには最初にカバーの雌型を周囲を大きく成形し，その内側にカバーの形の雄型を作る。雌型はカバーの外側を輪の形に残して中のカバーの部分を切り取る。雄型とこの輪に上下が並行な面になるように，頑丈な木枠を付ける。ライトカバーを作るには熱して柔らかくした塩ビ板を雄型の上に載せ周辺を枠の輪で押す。プレスで押すために両型の木枠面を並行にしておかなければならない。この写真は上下の型を重ねたところ。

ライトカバーの雄型。この上に軟化させたアクリル板，またはビニール板を載せ周辺を枠で押さえる。

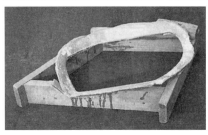

ライトカバー雄型の周辺を押さえる枠。枠の内側をライトカバーの外形と同じ輪郭に作り，ライトカバーの表面は押さえないようにする。

　このアクリルカバーの輪郭線はヘッドライトの形とは違うが，外観上のデザインで目の形を表しているわけで，ボンネットの輪郭線との調和を考えて形を作った。昔のたとえに美人の条件として〝明眸皓歯〟という言葉があるように大きくて明るい目付き，涼やかな目元が愛されるが，自動車などの工業化された近代文明の産物でもヘッドライトの形はまさにその目元，目付きを表しており，デザインの印象を強く左右するものである。

　ヘッドライトカバーの雌型は補強後原型からはずし，その内側にライトを埋め込む凹部，ライトウェル（ライトを中に入れる井戸の意味）の原型を作る。ウェル周辺ひと回りにはカバーがはまる落とし込みの段を用意する。これはカバー上面をボンネット面と段差なく同じ曲面にするためで，深さはカバーに使うアクリルまたはビ

コニリオのノーズ部分の雌型の成形中，ベニ
ア板で切り金を立ててある。ライトウェルの
内側から外へ向けてブリキ板で切り金を作っ
て釘で固定し，隙間は離型用ワックスを詰め
る。ノーズ雌型ができたら，そのまま周囲の
切り金を取り除き，釘穴などの傷を修理した
後にウェル型を成形する。

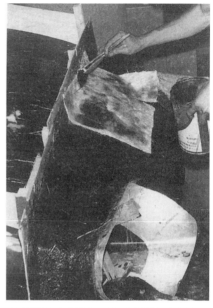

コニリオのノーズ型の脱型。先端のライトウ
ェル型も脱型してあり，ウェルが一体成形さ
れているのが見える。

ニール板の厚みプラス1mm，幅12〜15mm程度にする。

　ボディ完成時には，このライトカバーはセルフタッピングスクリューで固定する。

　このデザインのように深めのライトウェルがあると，雌型の脱型時に苦労すると
思ったので，ウェルのみを別の雌型にしようと考え，周辺に切り金をめぐらして独
立させることにした。切り金はトタン板で，ウェル内壁を延長させるように内側に
固定して，まず外側のボンネットノーズ型から成形を始めた。

　さきのウェル側の切り金の個所に最初のフランジが立ち上がるから，硬化後切り
金を取り除き内側にウェル原型のこわれた傷跡を直しておかなければならない。い

最初はボンネットの分割を左右サイドと上面
にノーズと4個にしたが，後に作り直した型
は上面の中心で左右に分けサイドにつなげた
大きい2個の形にした。

うまでもないが，使用するヘッドライトを決めて事前に入手しておき，確実にウェ
ル内の底に取り付けられる形に作るのである。

　ノーズ雌型とボンネット本体との分割線は，ノーズ先端から40cmばかりのところ
に設けた。

■ ボンネット本体

　ボンネットの本体は，さきのノーズ部分から後方へと続いて拡がる。このデザイ
ンの特徴は，ボンネット両側がフロントフェンダーを形成してドアシル上面まで下
がっていることと，上面はウインドスクリーン直下まで伸びており，フロントホイ
ール前方にヒンジがあって全体が前へ大きく開くようになっている。

　したがって，ボンネット全体の表面積は相当に大きくなるので雌型の分割はヘッ
ドライトカバー後端から後方へかけて切り，左右のフェンダーに分け，上面は広い

コニリオのボンネットを脱型したままの状態。

大型のボンネットで上面と側面が折れ目のある形は, 変形防止に内側の角に補強を作る。この写真の場合は上面の平らな部分にも補強があるように, ダンボール紙を折って芯材を作り, その上に#450マット2層を張って成形する。硬化したマットが細長い箱状となって補強の役目をするので, 芯材は簡単なもので良い。

補強芯をダンボール紙で作るとき, ボンネットの上面と側面のような大型のパネルのコーナーはできるだけ大きく作りたいと思うが, 内側の部品やスカットルなどに干渉しないように気を付けることが必要。

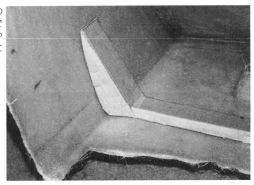

面積のままの1個別の雌型とした。

　そのままだとフェンダー雌型は比較的自由に左右に開いてしまうので, 位置決めのために本体後端に補強材を回し四角い形に枠組みをした。内側のボディ成形はこの補強枠を組んだ状態で行い, さらにボンネット内側に変形防止の補強を施して, 硬化が完了後に初めて外側の木製補強を分解するのである。

　このコニリオのボンネットのオリジナルの雌型は以前に失なわれたが, 後に必要があってもう一度雌型を製作した。その際には本体を3分割でなく, より簡便にセンターラインから左右に2分割にして作った。

　写真に示すのはこの方の雌型である。

　コニリオの場合, ボンネットの両側面, つまり左右フェンダーの後縁はドア前縁に接しているので, ボンネット雌型の成形が終わり, 切り金を取り除く際にドア前側の原型に傷が付いてしまうが, これは前方の雌型を脱型してから, もう一度ドア原型のこわれた個所を修復し, ドア雌型を作るのである。

■ ボンネット上のエアダクト，ルーバー

　ボンネットの上にエアダクトの盛り上がりと開口部を作りたいときは，開口部をふさいだ状態に原型を作り，そのまま雌型にする。製品の本体を成形してから開口部を切り抜き周辺を仕上げる。

　航空機にあるようなボディ内側に空気の流入溝を持つダクトでも，同じように口を閉じた形で原型，雌型とも作り，後で別に成形した箱を裏側から張り付けて作る。

　この場合は，型の抜ける方向に気を付けないと脱型に苦労する。

　クラシックレーシングカーのボンネットには，縦に整然と並んだルーバーが見られるが，これをFRPで作ろうとするにはいささかの手間仕事である。

　まず，原型上に同じ形の細いルーバーを正しい寸法に並べて作ることが大変な作業だし，さらにそれにパテ付けをして仕上げるのにも神経を使い，忍耐力と集中力が必要である。工作は基本的に大きい開口部を持ったエアダクトを作るのと大差はないが，ただ小さい形をたくさんくり返し仕上げるだけのことで，その気になればできないことはない。

■ 奥が深いエアダクト

　ミッドシップエンジンを持つフェラーリやロータス・エリーゼなどには，リアフェンダー側面に奥が深いエアダクトが見られる。これらの原型と雌型も前項と同じライトウェルのヴァリエーションと考えて，外側のパネルの成形の後でダクト内部の雌型を作る。この場合，切り金をどこに入れようかと悩むものだが，コニリオのようにウェル，あるいはダクト内側からトタン板を回して本体と分けると，周辺の山の分水嶺が型の分割線となる。そうすると，切り金の根元の部分，つまり製品と

ＦＪアウグスタに付けたエアスクープの雌型。ボディサイドで前面から風を取り入れようとするために設けたが，雌型の分割線を入れるのに苦心した。脱型は比較的楽だった。

同じくエアスクープ雌型を分解したところ。

なる分水嶺はどうしても形がくずれやすい。そのために後の製品では全部その個所をパテ仕上げで形を修整するようになる。

　たとえば，切り金を分水嶺の頂上からボディ本体側に数cm下げて設けると，苦労して綺麗に作った原型の分水嶺がそのまま成形できる。しかし，この切り金はトタン板やベニア板ではとうてい回せない込み入った形になるだろうから，粘土で土塀を作るのだが，これは原型の縦面にうまく付着していないで，また苦労の種となることが予想される。

■ 一般型のボンネット

　平らなフロントのデッキの一部を切り取って缶の蓋のように開くボンネットの形

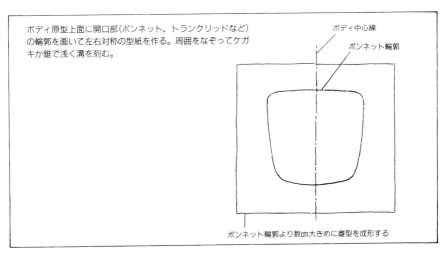

ボディ原型上面に開口部（ボンネット，トランクリッドなど）の輪郭を画いて左右対称の型紙を作る。周囲をなぞってケガキか錐で浅く溝を刻む。

ボディ中心線

ボンネット輪郭

ボンネット輪郭より数cm大きめに雌型を成形する

式は，むしろクラシックのデザインに多い。ロータス・エリート，エラン，ホンダ
S 800などがこの例だが，FRPのボディ成形では自動車のものばかりでなく，開口部
の基本的な形式として説明しておく。

最初に原型上に切り取る開口部の輪郭線とセンターラインを画き，それを先の鋭
いスクレーパーでケガいて細い溝を刻む。この輪郭線は型紙に写し取っておく。ト
レーシングペーパーのような薄い紙を置き，鉛筆で拓本を作る要領で溝の形を写し，
ボール紙に張り付けて作る。また，この型紙には正確なセンターラインを画いてお
く。これは雌型の成形後に裏側に補強の骨を作る際に入用となる。

原型の上に雌型の成形をする。輪郭線より3～5cm大きく周囲を作っておく。

前項に述べた木製枠で補強し，雌型に取り付けた後に原型から脱型してしまう。

完成したボンネット雌型面には原型上に刻んだ輪郭線が逆に持ち上がってみみず
ばれのように残るから，引き続き最初の製品となる成形をすると，それが溝となっ

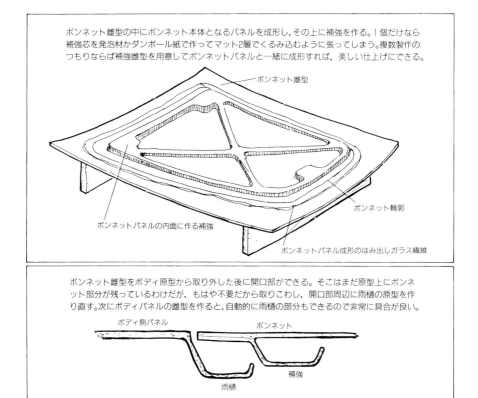

ボンネット雌型の中にボンネット本体となるパネルを成形し，その上に補強を作る。1個だけなら
補強芯を発泡材かダンボール紙で作ってマット2層でくるみ込むように張ってしまう。複数製作の
つもりならば補強雌型を用意してボンネットパネルと一緒に成形すれば，美しい仕上げにできる。

ボンネット雌型

ボンネット輪郭

ボンネットパネルの内面に作る補強

ボンネットパネル成形のはみ出しガラス繊維

ボンネット雌型をボディ原型から取り外した後に開口部ができる。そこはまだ原型上にボンネ
ット部分が残っているわけだが，もはや不要だから取りこわし，開口部周辺に雨樋の原型を作
り直す。次にボディパネルの雌型を作ると，自動的に雨樋の部分もできるので非常に具合が良い。

ボディ側パネル

ボンネット

雨樋

補強

て現れカットをする目印となる。

　完成したボンネット雌型の中に最初の製品となるボンネットを成形して，雌型から脱型しないでおき，続いて補強の原型を作る。これは製品となるパネルだが外周は内側にかくれて見えなくなっているので，さきに用意した型紙を雌型面のセンターラインに合わせて置き，サインペンなどでもう一度型紙の周辺になぞらえて線を面くと輪郭が明瞭になってくる。そして，その中側に補強を作るのである。

　1個だけの場合には，段ボール紙や発泡材を工夫して芯を作り，#450マット2層で張れば簡便な補強ができる。少々体裁が悪いだろうから，パテで修整をする必要があるだろう。

　複数生産のためには，製品1個ごとに内側に補強を手作りしていてはあまりにも手間が掛かるので，最初に少し時間を取って補強も雌型で作り，後の効率の向上を考える。

　これにはさきの通り成形したボンネットパネルが，まだ雌型の中にある状態のまま，石膏または発泡材で補強芯を盛り上げて一応のパテ仕上げまでする。

　補強の形は実車を参考にするのだが，基本的にはパネルの変形を防いで剛性が得られれば良いから，周辺を回る枠と内側を連結する架橋材の形を工夫する。あわせて開閉用のヒンジ，ロックの掛け金などを取り付ける位置と形もボンネットの動きを考えながら，実車の部品を良く観察すると良い。

　補強の雌型は#450マット3層，周辺5層ぐらいで全体を一体に成形する。

　型は硬化後周辺をグラインダーで仕上げておく。

　2個目の製品の成形には，まず補強型の中に#450マット2層で張り込み，続いてボンネットを型の中に#450マット2層，形の大きさにもよるが，必要であれば周辺10〜20cmぐらいの幅をもう1層張り，硬化する以前にさきに張った補強部分を雌型

トヨペット・カスタムスポーツのボンネットを開いた状態。ボンネット裏側の補強にヒンジ，支えのアームを取り付けてある。エンジンはクラウンRS20の1.5ℓにMG-TD用のSUキャブレターを2個付けた。開口部の周辺には補強と水はけを兼ねた雨樋型のフランジが作ってある。

FRP製のレース用ボンネットで,補強は多分
既製のものから直接型取りをして中に成形し,
それを表側のパネルに接着したもの。

に入ったままかぶせるように乗せる。このときに周辺の当たり部分で接着されるように,ボンネットパネル側が未硬化の状態で合わせ,上から均等に重しを置くと完全に一体化して硬化する。

　これはFRP作業の手作り的な面白い仕事で,補強部分が型の中で半硬化状態,ボンネットパネル部分が未硬化の軟らかい状態を重ね合わせて一体化させる方法は思いのほかうまくいくもので,最終的にボンネットを型からはずすと,非常に軽量で剛性が備わった製品が得られ,それだけでFRP成形の熟達したエキスパートになった気分になれるものである。

■ 一般型のドア,トランクリッド

　ドアとトランクリッドを作るのも前項のボンネットの製作と全く同じ方法である。

　最初にドアの外側パネルの雌型,それを原型から脱型して内側にドア内側の箱を作り,同じように重ね合わせて接着する。

　ここで頭を使うのは,ドア蝶番の形と位置である。FRP製のドアは鉄板製よりはるかに軽量だから簡単な蝶番が使えるが,開閉の具合で特別にブラケットを作らなければならない。

　これはドアパネルとボディパネルの形,蝶番の形,蝶番シャフトの位置が互いに絡み合う問題で,図面でできるところまで設計し,立体的な動きはモデルを作って

コニリオのドア外側パネル雌型。

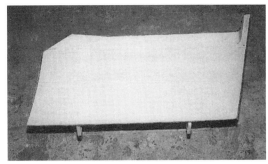

コニリオのドア内側パネルの内面
にFRP成形をして,外側パネルの
成形面に載せて周囲をクランプで
締めて圧着をしている。硬化後に
脱型すると丈夫な最中(もなか)の
形ができる。

試してみるのが確実な進め方である。

　蝶番は,市販の建築用でシャフトにナイロンブッシュが付いている多少大きめの
上質品を使えば,立て付けがしっかりとしていて良い。

　実車のドアロックはどれもなかなかうまくできていて,確実な開閉,安全なロッ
ク,軽くて容易な操作など利点が多い。しかし,この既製のドアロックを自分が作
るドアにも当てはめて使おうとするとき,思いがけない問題に出遇うことが多い。

　第一の点は,ドア内箱とドア框(かまち)の関係である。

　実車では両方とも相当に複雑な形をしており,相互の位置関係,寸法は非常に微
妙なものがある。自分が作ったドアを,開閉のたびに正確に同じ位置に持ってこら
れるかどうかという問題がある。これは,その前の段階で正確な動作をする蝶番を
頑丈に取り付けられることが前提となる。

　第二点はドア内箱の肉厚である。

　実車の内箱は1mm厚足らずの鉄板のプレス製だから,内側に取り付けられるドア
ロックの引っ掛かりとなるラッチとかフックが必要な位置まで頭を現すのだが,FRP

製の内箱ではそこの肉厚は 3 mm 以上もあり, 張り合わせの状況では 5 mm 厚を超える場合も考えられる。当然ロックは内側に引っ込むので, ラッチの先は短くなって用を足さなくなる。

肉厚を薄く成形すると, ドアロックのような力が掛かる保安部品を固定するには大いに不安がある。

簡便なものとしては, 建築建具用のかんぬき型あるいは引っ掛け型の留め金具を利用するが, それでは体裁が悪いと思うならば, MG-Tシリーズ, モーガンなどに使われていたドア内箱の外側に付けるタイプを推める。これは英国車用品店で購入できる。

■ ボンネット, トランクリッドの受け

ボンネット受けというのは正確な名称ではないが, ボンネット開口部周辺のことである。

ボンネットあるいはトランクリッドは補強を含めて, とにかく 1 個作ってしまう。そして原型上の定位置に置き, 周辺のボディパネルとのつながりを確かめながら, こわれたボディ本体の原型を修復する。その場合, ボンネット開口部は剛性を持たせるようにエンジンルーム側に折り曲げ, 同時に雨水を流す樋の形を考えて作る。

あわせてボンネットキャッチと開閉の蝶番を取り付ける場所も作る。

これらは, 自分が作りたい形に似た実車を参考にするのが良い。

ボンネットを閉めたときの位置決めは, 前後に置く蝶番とボンネットキャッチで行うのだが, さらに左右の振れと高さ調整にはストッパーとして当たりゴムを植える。実車の高級なものでは高さ調整ができる当たりゴムもある。

トランクリッド周辺は, 普通はスポンジ製のシールをめぐらせることが多い。これもどんな断面形のシールを使うかを決めて購入しておき, 実物を当てながら取り付けの受けの形を作っていく。

■ スカットル

スカットルはウインドスクリーンの前方でボンネットへつながる間のボディパネルのことをいう。

クラシックな様式ではスカットルの前端にエンジン側に室内を区切る垂直のファイアーボードを設けている。ファイアーボード面はヒューズボックスやレギュレーター, ホーンなど電気部品を取り付けるスペースになっている。

コニリオのボンネットの雌型作りが終わって、その部分の石膏を壊して取り除き、エンジンルーム内にくるスカットル延長部分とフロア前面の原型を新しく作る。

スカットルの斜面はボンネット内にかくれるが、ウインドスクリーンを取り付ける台となる。その先につながる四角い箱はドライバーの足元が入る。上面にはブレーキとクラッチのマスターシリンダーが取り付けられる。この箱の前面の垂直になった部分の内側にはフロアからつながった先端の垂直面と重ねて接着し、位置決めと補強隔壁の役を持たせた。

　しかし，現代の設計ではボディ面にスカットルといえる部分はなくなり，ウインドスクリーン下端までボンネットになっているものが多い。ボンネットの下側はドライバーのレッグルームを確保する箱を作って，そのまま下の方へ伸ばしフロアにつなげるのである。

　この辺の構造はプラモデルの部品を見ると分かりやすいだろう。

　コニリオの場合では，ボンネットの雌型が完成した段階で原型から脱型し，まずボンネットを1個成形し，ウインドスクリーンの下側前方にスカットル内部の原型を作った。

　レッグルームの上部は，ほぼ四角の箱状で左右にあり，その間はトランスミッションの後部に干渉しない形にして，後方へ伸びてセンタートンネルを形作った。

　また，レッグルーム箱の最前端は垂直に下がる壁の原型を，とにかくドアシルの高さまで作っておいた。

　この箱の左右側壁は後ろへ伸ばしてドアシル上面に乗るようにし，位置決めができるように下側を直角に折り曲げたフランジとし，後ろはドア前端付近で蝶番が取り付けられるように考えた。

コニリオの１号車が1968年12月８日の富士チャンピオン
シリーズ戦に優勝した後に，製造元であるRQCで発表会
を開いたときのひとコマ。ウインドスクリーンがスカット
ル斜面にネジ止めしてあり，ドア上部のサイドスクリ
ーンがテールフィンへつながっている具合が見える。

　このような場合にはドア，蝶番，ブラケット，そしてこの側壁との関係を，でき
るだけ図面化して寸法を決定しておくことが肝要である。

■ フロア

　ホンダＳ800はボディとシャシーを完全に分離できるので，ボディを取りはずし，
シャシーを露出させるとフロアの形を考えるのに非常に便利である。

　現代ではボディが分離できるのは軽トラックぐらいしかないから，スポーツカー
やレーシングカーを作ろうとしても既製のシャシーに頼ることは不可能で，フレー
ムから自作しなければならない。

　この項でのフロア製作については，フレームにサスペンションが付いて，エンジ

ホンダＳのシャシーの上に
組み立てたコニリオのフロ
ア雌型。原型なしでベニア
板を切り継ぎして雌型を直
接作ったもの。フロアのよ
うに平板を組み合わせて
できる形で，原型を作るのが
むしろ困難なので雌型を直
接作る方が容易である。

ン，ミッションなどのパワートレインが載せられており，ドライバーシートの位置まで決められてあるシャシーが目の前に置かれていることを前提として，話を進めるわけである。

　フロアはほとんどの場合，平面板の組み合わせで作られているとはいえ，アマチュアの技量で正確な図面を画くのは困難なことだし，不完全な図面で原型を作り始めるのも危い話である。

　たとえ原型ができても，それがフレーム上にうまく載せられるかどうかを確かめる方法がないので，僕はベニアで寄せ木細工のような雌型を直接作った。

　雌型ならばフロア現物の上にかぶせて，各部の当たり具合や寸法が確認できて，修整も容易に行える。

　コニリオのフロアの形は，レッグルーム前端を垂直に立ち上げて上から下りてくるスカットル箱の縦面と重ね合わせ位置決めとし，中央にセンタートンネルを後ろへ通した。

　センタートンネルの裾を左右に平らに拡げ，事実上のフロア面とし，それがフレーム側のブラケットに乗るようにした。同時に，そのフロア上にドライバーシートを置くようにして，左右を上へ曲げドアシル上面まで伸ばし，外側ドアシルとフランジを作って接着した。そのフランジは，後にドアの当たりとして位置決めをも兼ねる。

コニリオのフロア雌型を型面から見たところ。上部の両側縦の部分がコクピットフロアでその間の縦の凹みがセンタートンネルとなる。下部の逆T字型がトランクフロアの部分で，その両側の凹みにリアホイールが入る。このフロア型に直接FRP成形をして製品を1個作り，次にそれを元にしてFRP雌型を作った。

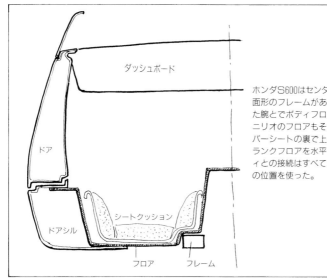

ダッシュボード

ホンダS600はセンターに縦に走る2本の角断面形のフレームがあり，前後に横へ張り出した腕とでボディフロアを支えている。当然コニリオのフロアもそれに載せ，後方はドライバーシートの裏で上へあがりデフの上側にトランクフロアを水平に置いてつなげた。ボディとの接続はすべてオリジナルの締結ボルトの位置を使った。

ドア

ドアシル

シートクッション

フロア　　　フレーム

　フロア後端はフレームの形に沿って傾斜しながら上へ向き，トランクフロアとしてさらに後方へ水平に伸ばした。
　トランクフロアの左右両側にはフレームのリアサスペンションの持ち上がりをクリアする形の箱を作り，その上面はボディのリアデッキを支えて位置決めとした。
　また，トランクフロア左右側と最後端の周辺はフロア輪郭に沿って下向きのフランジを作り，リアフェンダーを外側から当てて位置決めと接着が同時にできれば大成功である。

　雌型を作るベニア板は，少なくとも6mm厚以上の厚手のものを使う。建材用のコンパネが12mm厚でしかも安価で良いし，下地の補強も少なくてすむ。
　フロアの構想と設計ができ上がれば，抜け勾配を気にしないで全体を一体に作ってしまう。というのは，ベニア板とその上に成形したFRP面とはたいていうまくはがれないで，ほとんどの場合，ベニアを壊さないと製品が取り出せないことが多い。
　製品を1個だけ作るのであればそのまま仕上げれば良いし，複数の成形をする場合は，この最初の1個を元にしてその上にFRP製雌型をもう一度作る。このときは，抜け勾配を良く考えて数個の分割型に作るのである。
　プラモデルの部品を見ても分かるように，フロアは深い箱を組み合わせた形になるので，脱型は容易にできないことが多い。

分割線を考えるのに，どこか一個所最も脱型しやすい部分を作って，そこがはずれると隣接する型がゆるみやすくなるように工夫するのが良い。

② 実車のボディパネルから直接雌型を作る

1970年代のレース界では，ストックカーで出場できるイベントが多くあった。エントリーするアマチュアレーサーたちは，いろいろとチューンアップを工夫する中で多少なりとも車重を軽くするためにボンネット，トランクリッド，ハードトップなどのFRP化を試みた。

また，いくつかのアクセサリーショップでも軽量化パーツとして売り出していた。

自分の車にFRPパネルを1個だけ欲しいときに，もし市販されていれば多少割高であってもそれを購入するのが手っ取り早い方法である。しかし，グループなどで同じボンネットを何枚か必要なら，自分で雌型から作ってみることもそんなに難しい作業ではない。とにかく，実車のパネルという完成された原型があるというのは大いに有利なことである。

だが，FRPパネルが軽量化のために，どれほど寄与するものか計算してみることも必要だろう。

たとえば，車両の重さが1000kgとして，オリジナルのボンネットはだいたい10〜15kg，トランクリッドは10kg弱である。この車両をナンバー付きのまま日常的にも使うには，たとえボンネットをFRP化するにしても，それはある程度の体裁と頑丈さを備えなければならない。素材による重量軽減の効果はオリジナルの鉄製の約1/2程度である。10kgの軽量化が得られても元の車重の1％である。

さらに大胆に押し進めて表面パネルをマット1層，クロース2層くらいにし，内側の補強を簡素にすれば，オリジナルの1/4〜1/5に作ることも可能だろう。しかし，パネルが薄くなり過ぎると形が歪みやすいし，強度の低下で上に手をつくこともできなくなる。それでいて，ボンネットとトランクリッドの両方で得られる軽量化の恩恵はせいぜい15〜20kgということは，元の車重の1.5〜2.0％しか軽くなっていないことになる。

レースやジムカーナ専用のチューンアップの場合は，フロントフェンダー，ドアのパネルもFRP化し，ドアガラスとワインドアップ機構も取りはずし，シートの交換，内張りの除去などで100kgぐらいは削り取れるだろうが，そこまでするとナンバー付きのままでちょっとドライブというわけにはいかなくなる。

アマチュアが手掛けるボディパネルのFRP化は性能アップよりも，作業への興味

と自慢話の種くらいのものと，ゆとりを持って臨む程度で良いと思う。

■ 成形前の既製パネルの下準備

まず，実車を前にしてFRP化する個所を良く観察する。特に蝶番の取り付け方をスケッチするとか写真に撮っておくと良い。蝶番の一端はボンネットやトランクリッド内側の補強部分に付けられているから，位置と寸法が正しく再現できる補強の形を考えなければならない。

次にボンネットをヒンジから取りはずす。

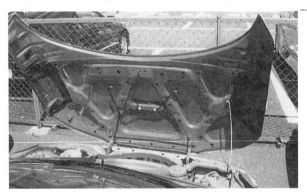

既製金属ボディ，ホンダ・ビートのボンネット裏側の補強。全面にわたって複雑に作られている。ヒンジ，ボンネットキャッチなどの構造を良く観察し，自分が作る補強の形とヒンジの取り付け法も検討する必要がある。

ホンダ・ビートのボンネットヒンジは，角パイプを曲げて作ってある。この部分の補強の位置は，オリジナルと同じ高さに作ることが必要である。FRPの補強にヒンジを止める方法も工夫しなければならない。

　ボルトを緩める前に，ヒンジの位置をボンネット裏側の取り付け台の上にマークしておくと，再組み立ての際に便利である。

　車種によっては，ウインドスクリーンウォッシャーの吹き出しノズルが付いているから，ホースとノズルも取っておく。

　エンブレムはプラスチック製が多いから壊さないように抜き取る。

　オリジナルのボンネットは，FRPで雌型成形をしても壊れるわけではないし，再び元に戻すこともあるだろうから，できるだけ傷を付けないように扱う。あらかじめ安定して置ける木箱とか作業台で，ボンネット周辺からはみ出ない大きさの台を用意しておく。

　ボンネット上面の付属物を取りはずすとネジ孔が残るが，これは裏側から紙テープかビニールテープを貼っておく。

　エアダクトやエアスクープのあるデザインだったら，開口部をふさがなければならない。丸めた紙とかウエスを突っ込んで上から石膏を塗り付けて外面の形を平らにするのが良い。

　この際，オリジナルの形を変更して新しいFRPパネルの上に自分でデザインしたエアスクープを作ることもできる。ボンネット内側へ落ち込む形は困難だが，上側に盛り上がるデザインであれば石膏や発泡材を置いて，原型を作るときの手順で，ボンネットへのつながりはパテでスムーズな曲面を作って塗装仕上げをすれば完璧である。

　だが，綺麗な原型ができる反面，オリジナルのボンネット面はパテ付けと塗装で傷が付けられるから，再使用には後で塗装直しをしなければならない。

　水粘土か油土で盛り上げを作っても良いが，この場合，どうしても粘土に接するFRP面がうまく硬化しないことと，表面が滑らかに作れない欠点がある。

■ 雌型の成形

　さて，オリジナルボンネットを台の上に据えすべての準備が完了したら，後の作業は前項の普通の雌型を作るのと全く同じである。

　しかし，オリジナルボンネットに傷を付けないための一層の注意点として，

● ワックス掛けは特に入念にすること。ワックスの効きが足りなくて脱型がうまくいかないと非常に困難なことになる。

● 同様に離型剤PVAも塗り残し，ムラがないように気を付ける。

● ゲルコート樹脂の調合を，少し流動性が残る程度の軟らかめにしておくと，原型

であるオリジナルボンネットの周辺から下に流れ落ちて，全面が均一な塗りとなる。

●成形は#450マット3層，周辺に幅20cmぐらいを帯状に補強をめぐらす。

●コンパネか貫材（9～10cm幅，1.5cm厚）などで下駄の歯の形に補強を作る。

3 雌型の脱型

　正確な形で表面が綺麗な製品を得るのには，同じように綺麗で良い雌型が必要である。もちろん，そのためには良い原型を作らなければならない。それで，原型作りには特別に注意して，骨格となる木組みから石膏の盛り上げ，表面の削り，左右対称，形の正確さなどを追求していく。

　原型作りには大変長く時間を費やすもので，パテ付けそして研磨が終わったときには，そこに自分のデザインが立体形とした姿が現れ，費やした時間と努力以上の愛着を感じるものである。できれば原型をそのまま製品として使いたいと思うくらいだが，それでは役に立たないので，その上に雌型を作るわけである。

盲導犬ボディの雌型の積層を終えたところで，3分割になるフランジの形が分かる。

ドア内側型の脱型。プラハンマーで型からはみ出している部分を軽く叩き，隙間にパレットナイフや木製ヘラを差し込んではがしていく。

石膏原型から雌型を取りはずすときは
ほとんどの場合石膏が壊れてしまう。

　雌型はFRP成形での作業面が表に現れているし，フランジが立ち上がり，補強が張り付けられるから原型のイメージとはだいぶ変わった印象となる。

　そして，成形面の樹脂が完全に硬化し，表面のベタベタがなくなりサラサラして，手で触れても熱を感じなくなったのが硬化完了の目安となる。

　まず，フランジの立ち上がりを5cmぐらい残してハンドグラインダー，ジグソーなどで切り落とす。

　切断作業の振動によって，2枚のフランジの合わせ目の間で離型が起こり，極くわずかの隙間が見えてくる。

　次に，ゴムハンマーや木槌で雌型の作業面を全体にわたって軽く叩く。時折り，パンという鋭い音が響いた後にボンボンという鈍い音に変わるが，それがFRP面が原型から離れた知らせとなる。しかし，木槌など固いハンマーで強く叩くと，局部的な打撃で成形した面のゲルコートにひび割れが起こる恐れがあるので，細心の注意をしなければならない。

　雌型の周辺全域に原型との間で隙間ができたら，マイナスのドライバーまたはバールの歯先きを雌型面に傷を付けないように差し込み，抜け勾配の方向に力を込めて原型面からはがすようにする。

　チキンライスを型からパカッと抜くようにはがれることもあるが，たいていは容易に脱型できないものである。

　雌型面に道具を当てないように常に気を付けながら慎重に作業をしなければならないが，普通は原型を少しずつ壊しながら雌型面を露出させていく。

　原型パテ面の離型剤とワックスとの間ではがれるわけだが，石膏や発泡材を取り除いてもパテ層が残るので，薄いパレットナイフとかプラスチックヘラの刃を使ってはがしていく。この際に，のみやマイナスドライバーは使わない方が安全である。

コニリオのテールパネルの脱型。このような
浅い型だと容易に取りはずすことができる。

コニリオのノーズ雌型を脱型している。ライトウェル
とエアインテークの形状が複雑なので，石膏原型から
容易にはずれず内側の石膏を掘り出すことになった。

　FRPは硬化するときに，わずかに収縮するので原型を固く包み込む具合になり，深く入り込んだ形は特に脱型に苦労することが多い。

　その場合には，コンプレッサーのエア圧で抜く方法があり，深い形の雌型では底に当たる個所に6mmぐらいの孔をあけ，エアガンのノズルを当てるか，またゴムホースの端を直接押し当ててエアの圧力で押し出す。もっとも，これは原型から抜く場合よりも製品の脱型のためにより有効な方法である。

　通常脱型では，せっかく苦労して作った原型は壊れてしまうか，あるいは壊しながら作業をするのである。

　既製ボディパネルにFRP成形した雌型の脱型は，原型のパネルも雌型の面も傷を付けないように一層の注意が必要である。

　ゴムハンマーで叩いて周辺にわずかでも隙間ができたら，薄い固めのプラスチック板やヘラなどを差し込み，さらに隙間が拡がったら，くさび状にけずった木の板に変え，少しずつ押し拡げていく。

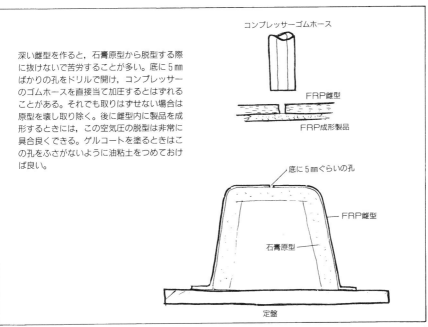

深い雌型を作ると、石膏原型から脱型する際に抜けないで苦労することが多い。底に5mmばかりの孔をドリルで開け、コンプレッサーのゴムホースを直接当て加圧するとはずれることがある。それでも取りはずせない場合は原型を壊し取り除く。後に雌型内に製品を成形するときには、この空気圧の脱型は非常に具合良くできる。ゲルコートを塗るときはこの孔をふさがないように油粘土をつめておけば良い。

コンプレッサーゴムホース

FRP雌型

FRP成形製品

底に5mmぐらいの孔

FRP雌型

石膏原型

定盤

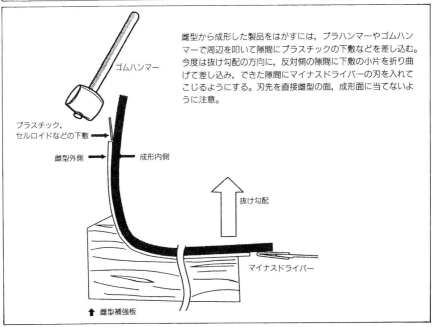

雌型から成形した製品をはがすには、プラハンマーやゴムハンマーで周辺を叩いて隙間にプラスチックの下敷などを差し込む。今度は抜け勾配の方向に、反対側の隙間に下敷の小片を折り曲げて差し込み、できた隙間にマイナスドライバーの刃を入れてこじるようにする。刃先を直接雌型の面、成形面に当てないように注意。

ゴムハンマー

プラスチック、セルロイドなどの下敷

雌型外側　成形内側

抜け勾配

マイナスドライバー

雌型補強板

ドライバーを直接差し込むと両面とも傷を付けるから，プラスチック板を2つ折りしたものの間に刃先を入れて力を掛けるようにする。

　金属製のパネルはもちろん，補強板が付いた雌型は両方とも変形しにくいので脱型には特に苦労するが，抜ける方向を確かめながら，気長に少しずつ作業する。

　ある瞬間にパカッと脱型が起こるが，自分が作った雌型の新しい面が綺麗な滑面となって現れるのは感動的な一瞬で，プラス・マイナスが完全に反転した凹型を初めて見るのも不思議な気分のものである。

4 雌型の仕上げ

　脱型をした雌型は表面に付いているパテの残りカスをすべてはぎ取り，周辺はデザインの輪郭線よりも数mm大きめにカットする。

　青い離型剤PVAを水で洗い落せば，そこに新しい雌型が現れる。しかし，良く見ると，表面のゲルコート面に極くわずかに波のようなしわが見られることがある。これは原型に塗った離型剤が乾燥するときにできたしわが，そのまま雌型のゲルコートに転写されているので，これは耐水ペーパー#300台で研磨し，さらに#400〜#600と重ねれば非常に滑らかな表面に仕上げられる。

盲導犬ボディの雌型が完成し，3分割した状態が分かる。

最初のボディ成形ができて雌型から脱型したところ。

ボディは内部のメンテナンスや調整のために
一部パネルが取りはずせるように作られる。
切り取り線を設計図に従って正確に画き，カ
ッティングブレードで切り，曲がりの小さい
コーナーは1.5mmのドリルで連続して孔を開け
ヤスリで仕上げる。次いで断面の部分に落と
しの段を作り固定できるようにした（落としの
段については後の項で述べる）。

　万一傷などの凹みがあれば，無理に研磨で削り取らずにパテ修整をしなければな
らない。

　これは気分的な問題なのだが，せっかく雌型全面が固いゲルコートで覆われてい
ても，修整をしたパテの部分だけ粗面で少し軟らかいように感じるので，ゲルコー
ト樹脂に充てん剤の粉末を練り込んで特製のパテを作ってみるのも良い。

　板の上にゲルコートを少量とり，充てん剤のアエロジルを少しずつパテヘラかパ
レットナイフで練っていく。少量の促進剤コバルトの混入も忘れないようにしない
と硬化が起こらないことがある。

　この手作りパテを研磨するときには大変固い手応えが感じられるので，確かに表
面が固くなったという満足感はあるだろうが，いささか手間が掛かる。

　雌型の研磨は表面の形を損ねないように，必ず耐水ペーパーにはゴムブロックの
平らな面を当てて行う。指で押えるだけのペーパー掛けは，わずかであっても表面
を均一に研磨しない恐れがある。

　ペーパー掛けは#600程度で充分だが，製品の仕上げをゲルコートだけでする計画
ならば，雌型面は#800〜#1000まで研磨し，さらにコンパウンドの中目，細目でポリ
ッシングすれば光り輝くような面に仕上げられる。

X. 製品の成形

　雌型が完成したら，FRP成形で製品を作ろうとする作業の約8割は済んだことになる。あとは離型処理をして今までの作業と同じように型の中に成形して脱型すれば良い。

　作業の手順は全く同じなのだが，雌型の成形と製品のそれとで異なっているのは，雌型は凸型の原型の上にガラス繊維を置いて樹脂を塗っていくのに対して，製品では原型の形が完全に逆転した凹型の中に張り込むのだから，対応する要領とか注意点がある。

1 離型処理

　離型のためには同じワックスと離型剤PVAを使う。

　一体型で浅い形であれば，成形は大変容易にできるし脱型も問題は起こらない。

　しかし，壺のような形や箱状のもので，抜け勾配が大きく取れない場合には，脱型で苦労することがある。

　壺や箱はたわみができる柔軟な形ではないから，変形させて雌型面からはがすことが無理となる。また製品と雌型面の間も隙間が狭くて，パレットナイフなど肉薄の工具を差し込むこともできないことが多い。そのためには，雌型の底に6mm程度の孔を開けておいて，コンプレッサーのエア圧を掛けるとうまく脱型できる。

　成形をするときには，その孔を油土で塞いでおく。型の内側から指の腹で軽く押すと油土は少し凹こむから，そのままゲルコートを塗れば，製品では逆に持ち上がった形で硬化する。それを耐水ペーパーで研磨すれば，完全に元の形に仕上げられる。

　ワックス掛けは塗り残しがないように特に注意し，少し乾燥させて空拭きをする。初回の成形では，ワックスは塗るのと空拭きを3回くり返えすのが良い。2回目の成形からは1回掛けで足りる。

　分割型でフランジがある場合にはフランジ面へのワックスを充分に塗り，これは空拭きをする必要はない。

　雌型面上のほこりの付着は，製品側ではピンホールとか傷になって残るので，エアで吹き飛ばすか，充分に水拭きをしておくのが良い。

　離型剤PVAも均一に塗らなければならない。PVAの塗りむらはそのままゲルコートで縞になって現れるからである。

2 成形作業

　製品の成形は雌型の場合と全く同じ樹脂，繊維を使うので，作業工程として特別な相違はない。

　自分一人で作業するのであれば手順を考え，段取りの準備を良くしておく。つまり，ガラス繊維は必要量を全部裁断しておき，樹脂，硬化剤パーメック，手洗い用のシンナーの容器，手拭用のウエス，雑用紙などをすべて揃え，作業時間がその日の日程で充分足りるかなどを考える。

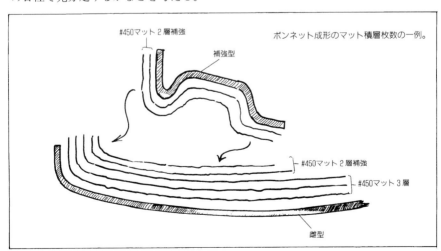

#450マット2層補強
補強型
ボンネット成形のマット積層枚数の一例。
#450マット2層補強
#450マット3層
雌型

これから成形をしようとする人から，ガラス繊維を何層張れば良いのかと質問されることがあるが，これは製品の用途，大きさ，補強の有無，ガラス繊維の種類などに関係することで，一概に何層と決められるものではない。

　前にも述べたように，ガラスクロースは繊維が連続しているから引っ張り強度があるが，積層の厚みは稼げない。またガラスマットは繊維が短く不連続なので引っ張り強度は弱いが厚みが出る，という特徴がある。これも全く定性的なことで厳密な強度計算を当てはめるのも困難なのである。

　結局何回か成形してみることや，他の製品を調べて見当を付ける程度で覚えるのである。

　コルヴェットやフェラーリ，ロータスなどのフェンダーに手を触れると，意外に肉厚なので驚いたが，これらは普通の乗用車として使われて，ボンネットの上に人が乗っても壊れないように作られているからで，以前にポルシェ910，917を見たときに市販車との肉厚の差に強い印象を持った。

　アマチュアが作るものとしては，1×1mぐらいの大きさのボンネットならば♯450マットを全面に3層，周辺に20cm幅の帯を2層，その上にめぐらす補強は2層で成形し周辺の帯の硬化前に圧着する，という具合で充分である。

　超軽量化のためにはボンネット全面に♯450マット1層，♯120クロース3層，周辺の帯を10cm幅2層にして補強を圧着する，という構成も考えられる。

　一方，フロア，スカットル，ドアシルなどを作るには，既製のシャシーに載せるものであっても，それぞれは♯450マット4層，♯750ロービングクロース1層，蝶番の取り付け個所とフレーム取り付けフロア部分はさらにマット2層以上を重ねるのが良いだろう。

　成形時の要領として，雌型の内側に50×50cmぐらいの大きさを1セクションとして必要積層数を張り，次のセクションに移るようにする。

● まず積層する範囲にローラーで樹脂をたっぷり塗る。

● 1層目のマットを置きローラーを転がして樹脂を浸み込ませる。

● 脱泡ローラーを掛けて繊維内の気泡を取る。ここまでは樹脂を多めにしておく。

● 2層目のマットを置きローラーを掛ける。樹脂の補給は多すぎないようにする。

● 3層目のマットを置き，下の層のあまった樹脂を上に吸い上げる気持でローラーを掛け，新しい樹脂の補給はできるだけ少なくする。

● 脱泡ローラーを掛け，3層の間に気泡の残り，あるいは樹脂の不足分がないかを確認して，次のセクションに移る。

という手順だが，これはあまり広い面積を一度に積層しようとすると，時間が経って必要枚数を張り終わらないうちに硬化が始まり，脱泡ローラーも掛けられなくて困ることがあるので最初から手を拡げすぎないようにしなければならない。

積層には繊維に充分樹脂を浸み込ませ，しかもダボダボとあまらせないことがポイントで，最初のうちは，ともすると樹脂の供給量が多すぎるのに気が付かない場合が多いものである。ここまでくると雌型の成形で繊維に樹脂を浸み込ませる要領がつかめたことと思うが，製品の場合にはより一層注意して作業を進めれば，軽量で美しい成形ができる。

分割雌型への成形では，ゲルコート塗りの段階から注意すべきことがある。

分割型になっていても，製品が小さい場合は型を組み立てておき，両方に同時にゲルコートを塗る。

大きい型で組み込んだままでは成形がやりにくい形なら，ゲルコートから別々に塗る。

ゲルコートはフランジの際まで塗り，決してフランジ面に流れないようにする。当然のことながら，フランジ面にゲルコートの垂れが固まっていると，相手側のフランジと密着しないのだから，製品の形と寸法が狂ってしまうのである。

ゲルコートを塗り終わってから垂れがないかを確かめ，万一発見したら硬化の前にウエスで拭き取っておく。硬化してしまった垂れが残っていたら，マイナスドライバーの刃先などではがし，同時に離型剤もその部分だけ取れてしまうから，PVA

分割雌型は普通合わせ目まで成形しておき，両方の雌型を組み合わせてから間を目張りする。本体を3層，目張りを2層にすれば，その個所に5層の帯ができる計算となる。肉厚の補強という意味で何も不都合はないが，内側が見える個所で積層面を均一にしたいときは，図のように本体の積層の合わせ目の部分をずらしておき，後の目張りはずらせた幅を埋めるようにすれば，見た目には帯ができない。

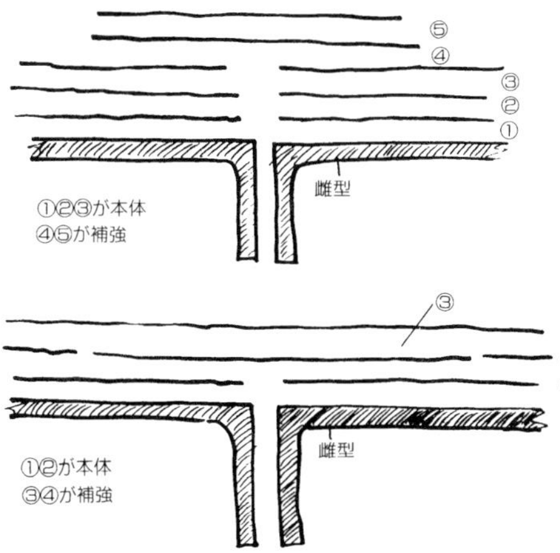

①②③が本体
④⑤が補強

①②が本体
③④が補強

雌型

を塗るのを忘れないようにする。

　分割型はそれぞれに分けて成形しておく。

　成形が終わった雌型はフランジで組み立ててその間に帯状に裁断をしたマットで張り合わせる。この場合，図に示すように型面の積層はフランジの際で少しずつずらせて段を作るように張り，後に張り合わせのマットも裁断の幅を加減して重ねていくと均一な積層厚が得られる。

　しかし一方，このような手間のかかる張り合わせをしないで，単純に型の表面一杯にフランジの際までマットを張り付け，型を組んだ後にマット2層で継ぎ目を張り合わせれば，その個所は型面に積層した枚数，たとえば3層であれば合計5層となるわけで，そこに肉厚の一種の骨ができて強度が得られるという考え方もある。それだけ重量が増すのは仕方がない。

　この工法は分割型を組み立てながら成形するということで，ゲルコートは両方の型の表面に連続していないから，成形後には合わせ目が現れるのは避けられない。

　もちろん，塗装仕上げにすることを前提としている。

　分割型で作る製品をゲルコートのみで仕上げるのには，少々工夫をする。

　まず，ゲルコートを10〜20%多めに作る。その増量分は別の容器に保存しておき，型には残りの量に硬化剤を入れて塗っておく。この場合，ゲルコートをフランジの際から数mm手前で留めるようにしておく。

　マットの積層は，このゲルコートの際からさらに数mm手前まで注意して張り，樹脂が型面の露出している部分にはみ出さないようにしておく。

　積層が硬化し，型を組み立てると型の合わせ目にはゲルコートのない部分が帯状に残るはずである。そこで改めて前に保存しておいた同じゲルコートを塗り，その上を帯状のマットで張り合わせる。

　全部の硬化が終わった後に脱型し，型の合わせ目にできたゲルコートのバリを研磨して取り除けば，分割型で合わせたとはほとんど分からなくなる。それだけに相当に細かい神経を必要とする作業で，大型の成形には適当ではない。

　成形時の注意点については，
● 面積が広く扁平な形は積層数を多く肉厚にし必要があれば裏側に補強の骨を作る。
● 表面の形に山や谷があれば，その部分で剛性が出るから，積層数は少なくて良い。
● 外周の縁には帯状の補強層を張る。
● コーナーの内側には，最初にロービングのみを5〜6本入れる。

- 1層目には樹脂を多くたっぷりと，次の層であまりを吸い上げる。
- 繊維層間に気泡が残っていないか確認する。
- 脱型は急がないで，少なくとも24時間置いてから始める。手を触れたときに成形面が冷えていて，乾いてサラッとしていれば硬化完了である。

③ その他の細かい注意点

　FRP成形は繊維に樹脂を染み込ませることが基本だが，成形の間に次の段階のことを考える細かい作業，いわゆるディテールの処理がいくつかある。

■ FRPパネルに他の部品，補強などを取り付ける

　雌型の補強の個所で述べたようにFRPの成形面に木材を補強のために取り付けるには接着が確実で簡単である。

　樹脂には硬化の際に表面を外気と遮断させるためにワックス分が少量含まれている。硬化時にそれが成形面の表面に浮き上がって薄い膜を作るので，硬化した後も残ってしまう。

　硬化した成形面にさらに重ねてガラス繊維を張り付けると，そのワックス層が離

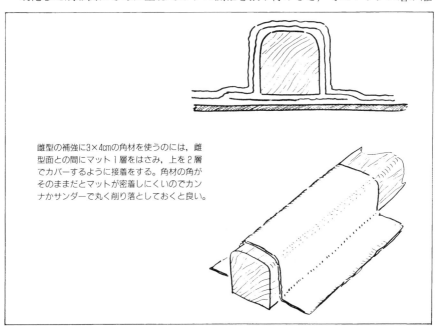

雌型の補強に3×4cmの角材を使うのには，雌型面との間にマット1層をはさみ，上を2層でカバーするように接着をする。角材の角がそのままだとマットが密着しにくいのでカンナかサンダーで丸く削り落としておくと良い。

型剤の作用をして接着の力が弱くなることがあるから＃24〜＃36のサンディングディスクや，＃40〜＃60のサンドクロースを使って表面を充分に荒らしておく。

　張り付ける木材の下に#450マットの帯を2層はさみ，さらにその補強を同じ#450マット2層でくるむように張る。

　木材が長いものであっても，それをくるむマットは長さをせいぜい30〜50cmぐらいにしておき，あらかじめローラーで樹脂を浸み込ませておいてから補強材の上に置きローラーや刷毛で押し付けるようにして脱泡する。

　四角く綺麗に削って仕上げた木材は，角の直角部分でマットが馴染みにくく浮きやすく，空洞や気泡が残るので角は丸く削っておくのが良い。特に鉋で綺麗に削らなくてもサンディングディスクを軽く掛ければ容易に角が取れて丸くなる。

　それでも，場合によってはマットの張力が強くて浮き上がってくるようならば，薄いビニールシート（風呂敷など）をかぶせて押さえるのも有効である。

　板状の補強を立てて取り付けるのには，上を超えてくるむことはさらに困難だから，できるだけ試みない方が良い。両側面からL型に張っても樹脂の硬化時の収縮で板との間がはがれやすくなるからである。

　金属パイプなどを接着するのも同じで，金属部の錆と油脂分を良く落とし，くる

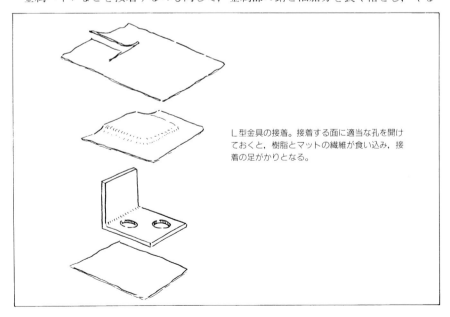

L型金具の接着。接着する面に適当な孔を開けておくと，樹脂とマットの繊維が食い込み，接着の足がかりとなる。

172

むように接着すれば良い。パイプで組んだスペースフレームなどにボディを取り付ける場合も全く同じである。

　L型金具を取り付けたいこともままあるかも知れない。これも平板と同じで全体をくるむのは困難だからFRP面に当たる側をマットでカバーして，反対側も目張りをするように狭い幅のマットで接着をする。

　L型を張り付ける側に何個所か孔を開けておくとそこに樹脂が流れ込んで，金具を固定させる足掛かりにさせるのも良い。

　ただしこのような補強材，またはL型などの部品の取り付け金具はねじれを受けない，比較的弱い力にしか耐えないことを覚えておいた方が良い。

■ ネジ止め

　FRP面に孔を開けて何か部品をネジ止めするのは簡単にできる。

　FRPは金属に較べてはるかに削りやすい素材だから，ネジ止めには当たり面に必ず平ワッシャーを入れることが大切である。

　たとえば，ボディ面にバックミラーを取り付けるにはネジ径より0.2～0.3mm大きめの孔を開け，根本に薄いゴムパッキングをはさみ，ネジ側には大きめの平ワッシャーを入れる。

　また，ボディ成形時にあらかじめミラーの位置付近の積層を10×10cmぐらいの広さに厚くしておくのが良い。

　見当としてはネジ止めの場合，使用するネジの太さ以上にFRP面を厚く成形しておけば安全だろう。4mmビスで小部品を付ける個所は4mm厚以上に，ボディフロア

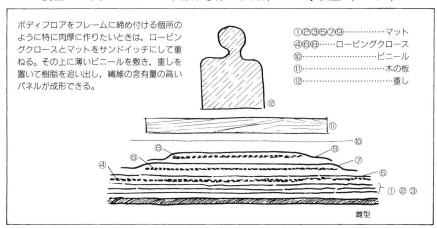

ボディフロアをフレームに締め付ける個所のように特に肉厚に作りたいときは，ロービングクロースとマットをサンドイッチにして重ねる。その上に薄いビニールを敷き，重しを置いて樹脂を追い出し，繊維の含有量の高いパネルが成形できる。

①②③⑤⑦⑨…………マット
④⑥⑧……ロービングクロース
⑩…………………………ビニール
⑪…………………………木の板
⑫…………………………重し

雌型

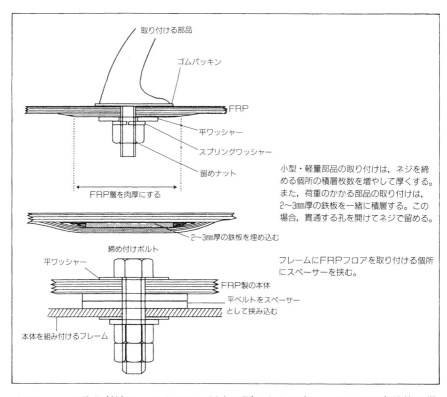

取り付ける部品

ゴムパッキン

FRP

平ワッシャー

スプリングワッシャー

留めナット

FRP層を肉厚にする

小型・軽量部品の取り付けは，ネジを締める個所の積層枚数を増やして厚くする。また，荷重のかかる部品の取り付けは，2〜3mm厚の鉄板を一緒に積層する。この場合，貫通する孔を開けてネジで留める。

2〜3mm厚の鉄板を埋め込む

締め付けボルト

平ワッシャー

FRP製の本体

平ベルトをスペーサーとして挟み込む

本体を組み付けるフレーム

フレームにFRPフロアを取り付ける個所にスペーサーを挟む。

をフレームに取り付けるところは10mm以上の厚みならば良い。これは強度計算で得た結果ではないのだが，経験上FRPの肉厚の強度を考えての見当である。

　しかし，これは肉厚を得るために漫然と繊維を敷き，大量に樹脂を塗るのではなく，たとえば成形面に20×20cmぐらいの♯450マット＋♯750ロービングクロースを置き，その上に10×10cmの♯450マット＋♯750ロービングクロースや♯450マットを重ねれば，最初のパネルと合わせて8mm厚が得られるだろう。さらに，その補強個所の樹脂をできるだけ追い出して繊維含有量を増すために，板を置いて重しを乗せておく。

　板の下に離型用にビニール（スーパーの買い物袋かビニール風呂敷が良い）を敷き，木の板を置いて1kg程度の重しを置けば樹脂が周囲に押し出され，表面も板によって綺麗な平面となって硬化する。

　さらに強固な取り付けが必要な場合には，ネジ孔の個所に成形と一緒に2〜3mm厚みの鉄板を埋め込んでおき，それを貫通させてネジ孔を開けボルト締めにすると

振動などでネジ孔がえぐられて大きくなる心配がない。

　FRPフロアを取り付ける際には，フレームとの間に幅50cmほどの平ベルトをスペーサーとしてはさみ，貫通させるボルトにはダブルナットで締めればFRPに局部的な力が加わらないから具合が良い。

　また製品の都合によって，FRP表面にボルトなどの頭を現さないで裏側にネジのみを出したいこともある。

　これは前述のように埋め込み鉄板にあらかじめビスやボルトを溶接しておき，ネジ部だけを露出させて成形する。

　皿ビスを使って鉄板に通しておき頭を電気溶接すれば動く心配はないし，FRP面に突出することもない。

　FRP面をナットで締める場合は必ず平ワッシャーを，できれば大きめのものを入れスプリングワッシャーを介して締める。ナットやスプリングワッシャーを直接FRP面に当てることは決してしてはならない。ナットを回す際や，スプリングワッシャーの刃先でFRP面を傷付けるからである。

■ 落とし込みの段

　ガソリンの注入口や点検口の蓋，あるいは透明な材料でウインドシールドなどをボディ面と同じ高さに作るには，それが形良くはまる落とし込みの段を作る。製品の複数生産を計画するのであれば，ボンネットを作る場合と同じに原型の段階から準備すれば完全な雌型ができるが，1個だけ作るには原型にあまり手間を掛けないで簡単にする方法もある。

　まず，原型はウインドシールドや点検口の蓋は閉じた状態に一体で作る。原型表面にこれらの輪郭線を画き，錐かケガキの先で浅く溝を付けておく。

　雌型をそのまま成形すれば，この溝は型面上にわずかに盛り上がった形で転写されることはボンネットの項で述べた通りである。

　ただ，ウインドシールドの形はできるだけシンプルに，紙を一方向に丸めた円筒面状か，円錐面状にデザインするのが良く，製品でも1mm厚の塩ビ板を湾曲させて簡単に作ることができる。ジェット機の風防のような複雑な曲面にするには，ヘッドライトカバーと同じように加熱して成形する凸型と凹型まで用意しなければならないから，大きい面積のものはアマチュアの手には負えなくなる。

　落とし込み段の作り方順序を図に示すが，まずボディをウインドシールド輪郭線

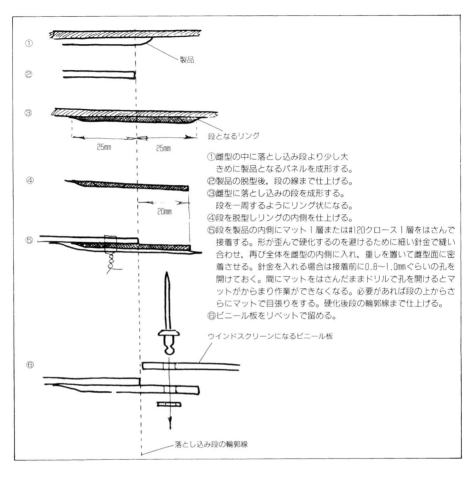

① 製品

②

③ 段となるリング

25mm　25mm

④ 20mm

⑤

⑥ ウインドスクリーンになるビニール板

落とし込み段の輪郭線

①雌型の中に落とし込み段より少し大
　きめに製品となるパネルを成形する。
②製品の脱型後，段の線まで仕上げる。
③雌型に落とし込みの段を成形する。
　段を一周するようにリング状になる。
④段を脱型しリングの内側を仕上げる。
⑤段を製品の内側にマット1層または#120クロース1層をはさんで
　接着する。形が歪んで硬化するのを避けるために細い針金で縫い
　合わせ，再び全体を雌型の内側に入れ，重しを置いて雌型面に密
　着させる。針金を入れる場合は接着前に0.8～1.0mmぐらいの孔を
　開けておく。間にマットをはさんだままドリルで孔を開けるとマッ
　トがからまり作業ができなくなる。必要があれば段の上からさ
　らにマットで目張りをする。硬化後段の輪郭線まで仕上げる。
⑥ビニール板をリベットで留める。

より少し大きめに作っておく。この場合，輪郭線個所の肉厚は取り付けるウインド
シールドの材料より0.5～1.0mm厚くする気持で成形する。脱型後，輪郭線に沿って
仕上げる。

　次に輪郭線を中心にして5cm幅の帯を，ぐるりと輪になるように＃450マット3層
に張る。それを型からはずし帯の内側を仕上げる。次にボディ側の輪郭線とこの帯
の輪郭線を重ねて間にマット1層を挟んで接着する。これはボディ側とこの帯の両
方がグニャグニャして形が定まらず苦労するから，接着する前に30cmぐらいの間隔
を置いて両方を貫通するように1.5mmのドリル孔を開けておき，マットを接着しなが
ら細い針金を通し撚り合わせて位置決めをする。

　ひと回り縫うようにして接着したら，全体をもう一度ボディ雌型の中に入れ，ウインドシールドの部分の形がくずれないようにして硬化させる。

　針金はボディ外側からルーム内へ向けて通し内側で撚り合わせれば，外側の型にピッタリと当たり，全体の形が正確に再現できる。

　また，引き続いてルーム内側で，張り付けた帯をさらに目張りする具合にマットを細くテープ状に切ったもので補強をする。

　全体が硬化するとウインドシールドまわりの落とし込み段ができ上がるというわけである。

　縫い合わせた針金はニッパーで端を切り，ペンチで引き抜き傷をパテ仕上げすれば良い。ウインドシールドには1mm厚の透明な塩ビ板が適当で，2mm以上になると湾曲させるのが困難になる。

　この塩ビ板は段にはまる形に切り抜いて，段を貫通させて3.2mmの孔を10〜15cm間隔に開けハンドリベッターで固定する。

　リベット止めでなく接着をするのには両面テープが考えられるが，注意すべきことは塩ビはほとんどの接着剤が効かないから，事前にテストをしておくのが良い。

　点検口などの蓋を受ける落とし込みの段も，ウインドシールドの場合と同じ方法で作れる。ひとつ異なる点はボディパネルに開口部の穴を作るのだが，できればその切り取った部分を蓋として使いたいので，直線部分はカッティングブレードで，曲線になった輪郭線はジグソーを使ってできるだけ丁寧に切り抜くのである。

　切り口の縁に傷があれば，パテで修整して仕上げる。もし蓋の形が生かせる具合に切り抜けなかったら，後で再び蓋だけを型で成形すれば問題なく手に入るわけである。

■ 手が入りにくい形の成形

　テールフィンやスポイラーを作る計画で原型，雌型と作業が進んで脱型してから雌型の中をのぞいて見ると，予想以上に中側が狭く雌型の両側の壁が迫っていて手や道具が入らないことに驚くだろう。

　外側が薄い形なら雌型の内側も狭くて深い谷のようになるのは当然のことなのだが，この成形にもひと工夫を要する。

　まず，ゲルコートが底に厚く溜らないように，いくらか流動性が残るぐらいの粘度に作り，一度中へ流し込んでおき，少し硬化が始まって流れが鈍くなったときを見計らって，型を逆さまにして流し出す。時々型を動かして流れ出過ぎて少なくな

らないように，また底に溜らないように注意する。

　ゲルコートの硬化後，ロービングを5〜6本溝の長さ充分に敷き，平刷毛で樹脂を塗る。続いてマットを適当な幅の帯状に切り，半分に折るようにして折り目を溝の中へ押し込む。マットの厚みが型の両面に当たると，内側の幅はますます狭くなり，平刷毛でも入らなくなったらパテヘラで押し込む。

　この場合，♯450マット2層で仕上げるのであれば，押し込む前に2層分にローラーで樹脂を塗っておき，それをグシャグシャの団子にならないように注意して押し込み，一度で張り込みが終わるようにする。

　これは相当に困難な作業で，要は狭い底に充分に繊維が届いているか，型の両側面に繊維が密着しているかなどを確認しながら，浮き上がりが生じないように進めていく。

　フィンの頂上に分割線を置く雌型を作れば成形時にはこの苦労はないが，型の合わせ目でどうしても形がくずれるので，後にフィンの輪郭をまた修整しなければならないから，複数生産の場合にはできるだけ一体化にしておくのが良い。

■ 全く手が入らない形の成形

　最中の殻のような形は，外面に全く開口部分がなく手も道具も入らないから，たとえ分割雌型を作ったとしてもその内側を張り合わせることができない。

　服飾品店で使うマネキン人形などはこの例で，分割型の合わせ目の成形には特殊な糊を使っている。

　まず，型の内側にはフランジの際まで積層しておく。この糊は樹脂の流動性がなくなるまで増粘剤を入れて練り，さらに長さ数mmの短繊維を加えて練り合わせ，軟らかい餅のようなものを作る。これをフランジ際の周囲に土手を作るように盛り上げ，両方の型を合わせる。

　硬化後には，この糊で合わせ目が接着されているだけで，両方の積層面は繊維でつながった強度は持っていない。外側から特に力が加えられることがないマネキン

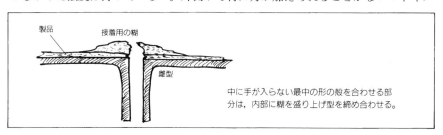

中に手が入らない最中の形の殻を合わせる部
分は，内部に糊を盛り上げ型を締め合わせる。

人形ならばこの成形法で作れるが，たとえばバイクのガソリンタンクなど可燃性の
液体の容器をFRPで作ることは，使用上の危険が自他ともに及ぶことだから全く勧
められることではない。

　ガソリンタンクでなくとも，多少の外力に耐えられる密閉された形を作るには，
殻を外側で張り合わせる方法を考えれば良い。

　まず，雌型の内側でフランジの際まで成形するが，合わせ目の周囲を数mm厚めに
積層する。脱型後はフランジの際でカットし，製品となる2個の殻をピッタリと合
わせ，目的の形となるように仕上げる。次に周囲の厚い部分を外側からハンドグラ
インダーで削り込み，そこを外から目張りできるようにする。合わせた殻は針金で
縛るとかガムテープで部分的に固定し，さきに削った肉薄の個所に＃120クロースを
テープ状に切ったものを重ね，最終層をマットにしてパテ仕上げとする。

　＃120クロースを使うのは気分の問題だが，2個の殻の張り合わせにせめて繊維が
つながった材料で強度を得ようとするものである。

4 製品の仕上げ

　脱型後周囲のバリは，ハンドグラインダーでカットし水洗いをするのは従来の通
りである。ゲルコート仕上げのものであれば，表面を良くチェックし，離型剤ムラ
やピンホールなどがあれば＃600以上の耐水ペーパーで研磨をする。ペーパーを掛け
ると，表面は艶消し状になるから，製品によってはそのままで仕上げにもなる。

　中目のコンパウンドで軽く磨いておくと，表面にしっとり感があって良いもので
ある。光沢仕上げにするにはポリッシャーを用いてコンパウンドは中目，細目を使
用すると良い。

　ゲルコート仕上げ製品の表面に傷ができたのを直すことはいささか難しい。傷を
削り取ってパテで埋めるのだが，表面のゲルコートの元の色と同じに作るのがなか
なかうまくできないものである。濃色は直しやすいが淡色のベージュ，黄色，アイ
ボリーなど，少量のゲルコート樹脂を同じ色に調合するのが困難である。

　塩ビ板か艶のあるアート紙の上に少量の樹脂をとり，着色材のポリカラーを微量
ずつ混ぜてパレットナイフの先で練り合わせるのだが，硬化剤を加えるとまた色が
変化するので実に始末が悪いものである。むしろラッカーで調色する方が容易にで
きることもある。

　塗った部分と本体との境が目立ってごまかすことにも苦労する。

　修復に時間を取られるよりも新しく作り直した方が楽で早いということである。

塗装仕上げにはペーパー掛けの後，従来通りの方法で行う。

　傷や表面の修整には必ずポリパテを使い，研磨後にサフェーサーを吹き付け，♯400〜♯800のペーパー掛けをして仕上げ吹きをする。

　塗料はラッカーかウレタンが適当だが，自動車ボディのパネルや，屋外で雨や直射日光に晒されるガーデンファニーチュアなどは，後に塗装面にひび割れが生じることがあるから，ラッカーは避けた方が良い。

XI. 修理，レストアへの応用

1 FRP製パネルの修理

　FRPは非常に丈夫な素材である，という謳い文句で宣伝されているが，意外に老化が早いという欠点に触れている解説はあまり見かけない。成形したばかりの破片を折ろうとしても，弾力性があってなかなか折り曲げられないが，一年も放置しておいたものは容易に折れてしまうのである。

　FRP製品が初めて出てきた頃，その丈夫さを見せるのにハンマーで叩いているデモンストレーションの写真があったが，実はこの頑丈さは何時までも永続するものではないのである。

　成形後数年経って不要になった雌型や成形不良品を壊そうとしてハンマーで叩くとき，簡単に破壊されることに驚いたことがあった。

　したがって，FRPボディ車で事故を起こすと，衝突個所がビスケットが割れるように砕けてしまう。

　しかし，鉄板ボディ車では衝突個所のパネルは変形してしまうから，それを元の形に戻すのには熟練した鈑金の技術とさまざまな特殊工具が必要だが，FRPパネルでは砕けた破片を継ぎ合わせて裏から同じFRPで目張りをすれば，鉄板よりも容易に修理ができる利点もある。

■ 砕けた破片を継ぎ合わせる修理

ロータスやコルヴェットなどのFRPボディのオーナーが事故に遭遇した場合について考えてみる。

FRPボディパネルが事故の衝撃で砕けてしまうことは、そこで衝突のエネルギーが吸収されて乗員への影響が少しでも緩和されることで、これは不幸中の幸いともいえるが、気持が動転して不安定な精神状態で事後処理をしながら、ボディの破片を拾い集めるのは容易なことではないだろう。しかし、破片は見付けられる限り拾っておくと、後で作業が楽になる。

修理にとりかかれる状況になったら、何はともあれ貴重な壺を発掘した孝古学者の気分で、破片をパズルのように組み立ててみる。それらを元の場所にはめ込んで裏側からFRPで裏打ちをする。そのためには破片は汚れを落とし、裏側はサンダーを掛けてFRPの生地を出しておく。縁にガラス繊維がモシャモシャして、お互いがピタリと合わないこともあるから、これもサンダーで軽く削っておく。

この一連の作業で最も大切で、しかも困難なことは、これらの破片を元通りの形に並べることである。

大きい破片は、お互いに針金で縛り合わせる。縁を突き合わせるように置き、縁から5～10mm入ったところに向かい合わせに1～1.5mmの孔を開け、ボディ内側から外へ向けた方向に細い針金を通して外側でねじり合わせておく。複数の破片になると、針金でからげ合わせてみても、外側を元の曲面と同じ形に保つのは難しいが、からげた針金の一端をさらに引っ張ったり、内側を棒で押すなど原始的な方法を駆使してオリジナルの曲面を再現してみる。

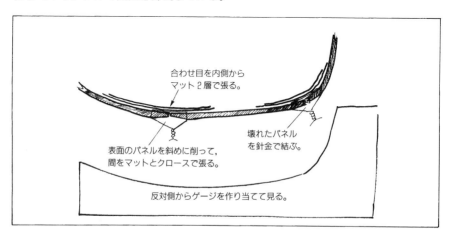

合わせ目を内側から
マット2層で張る。

表面のパネルを斜めに削って、
間をマットとクロースで張る。

壊れたパネル
を針金で結ぶ。

反対側からゲージを作り当てて見る。

　さらに破損個所と対称位置の型紙を作って当ててみると，一層曲面が正しく現れるだろう。そこで，裏側から合わせ目をテープ状に切ったマットで2～3層で張り合わせる。これはマットをその場所に当てて刷毛で樹脂を塗ると破片が動く恐れがあるから，マットはあらかじめ2枚重ねにして樹脂を含ませておき，刷毛に乗せながら押し付けていく。表側は変形しないように助手に押さえてもらい，張り終わったらさらに型紙で曲面の具合を確かめるのが良い。

　長いテープでの張り合わせは一層困難だから，10cmぐらいずつ部分的に張り，硬化して曲面が安定したら，支えや突っ張りを取り去って本格的な目張りをする。

　硬化後，外側に露出している針金をニッパーで切り，一端をプライヤーで引っ張るとスルリと抜けてくる。あとは外側の本来の塗装をサンダーで削り落とし，パテ付け，補修塗装をする。

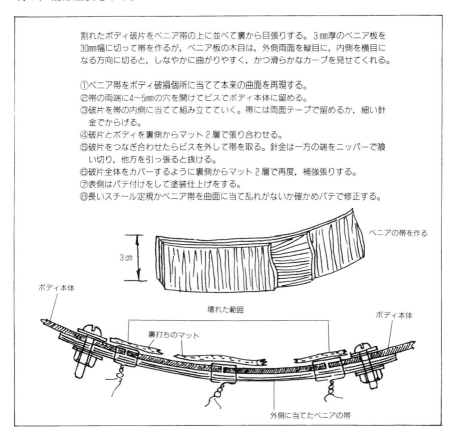

割れたボディ破片をベニア帯の上に並べて裏から目張りする。3mm厚のベニア板を30mm幅に切って帯を作るが，ベニア板の木目は，外側両面を縦目に，内側を横目になる方向に切ると，しなやかに曲がりやすく，かつ滑らかなカーブを見せてくれる。

①ベニア帯をボディ破損個所に当てて本来の曲面を再現する。
②帯の両端に4～5mmの穴を開けてビスでボディ本体に留める。
③破片を帯の内側に当てて組み立てていく。帯には両面テープで留めるか，細い針金でからげる。
④破片とボディを裏側からマット2層で張り合わせる。
⑤破片をつなぎ合わせたらビスを外して帯を取る。針金は一方の端をニッパーで喰い切り，他方を引っ張ると抜ける。
⑥破片全体をカバーするように裏側からマット2層で再度，補強張りする。
⑦表側はパテ付けをして塗装仕上げをする。
⑧長いスチール定規かベニア帯を曲面に当て乱れがないか確かめパテで修正する。

ベニアの帯を作る

3cm

ボディ本体

壊れた範囲

ボディ本体

裏打ちのマット

外側に当てたベニアの帯

FRPボディは衝突事故では多くの場合，ひび割れができてパネルが変形しても何とか繊維がつながってグラグラしているものである。修理は表側のパネルを元の曲面形に戻すことだが，ひび割れの個所は繊維の端や，破断面どうしの凸凹が互いにぶつかり合って元の形になりにくい。破断面はグラインダーをかければ突き合わせの干渉個所に余裕ができてパネルをスムーズな元の曲面形に戻せるのだが，どこが元の形なのかの確認が困難である。

　反対側の曲面からゲージを作って当てて見ても，破断パネルを元の形に固定しておくのには別のサポートを工夫しなければならない。まず，薄いベニアを幅30mmぐらいの帯状に切り，破損個所に当ててスムーズな輪郭線になるようにゲージを置いて確かめる。この作業は2～3人の助手が要るのだが，大体の形ができそうだったら，ベニア帯の一端をボディ本体に孔を開けて固定し，他端の位置を調整しながら輪郭線を確かめ，こちらも小さいボルトを貫通して止めてしまう。この帯の内側に破断パネルを並べ，さらに細い針金を通して結び合わせ内側からマットで裏打ちをする。

　このベニア帯は2本ぐらい並行に並べるか，十字に交差させて作ると一層正確な元の曲面が復元できる。裏打ちは前に述べた通りで，またベニアを固定したボルト孔は，硬化後にパテで埋めれば問題はない。

■ ボディパネルの破片がない個所の修理

　破損個所のパネルが失われている場合は，作業は少々手間が掛かる。

　ドアシルやボディ側面で手や道具が入らない部分の修理には，まず穴の周辺の繊維の端やパネルのギザギザを高速グラインダーの小さい砥石かヤスリで縁を整え，可能な限りパネルの内側も糊代となる部分だから面を荒らしておき，掃除器でごみを吸い出しておく。

　ボール紙を欠けた穴より大きめに切り，穴の中へ入れておき，表面にマットを2層張り，手前へ引き寄せて穴の周辺に接着する。引き寄せるためにはもちろん手が入らないのだから，あらかじめボール紙に図のように針金を通しておき，それを手前に引くのである。できるだけ周辺にマットが付くように工夫し，硬化するまで針金を手前に固定しておく。硬化後に針金を抜き取り，壊れた範囲を今度は外側からマットで埋め，グラインダーを掛けパテ仕上げをする。

　内部の空洞がドアシルのようにあまり大きくない個所であれば，内側を発泡材で埋め，補修する穴の表面まで盛り上げて形を整え，外面からマットを張り付けて元の曲面を作ることもできる。発泡材はスプレーのもの，2液混合型などあるが，ウ

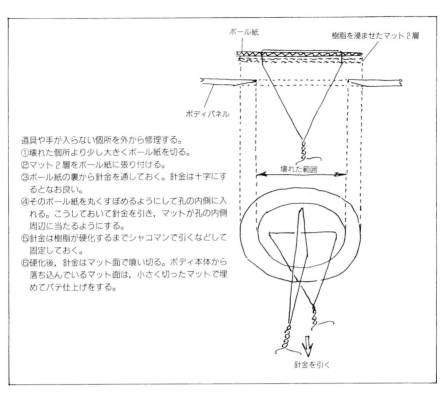

ボール紙

樹脂を浸ませたマット2層

ボディパネル

道具や手が入らない個所を外から修理する。
①壊れた個所より少し大きくボール紙を切る。
②マット2層をボール紙に張り付ける。
③ボール紙の裏から針金を通しておく。針金は十字にす
　るとなお良い。
④そのボール紙を丸くすぼめるようにして孔の内側に入
　れる。こうしておいて針金を引き，マットが孔の内側
　周辺に当たるようにする。
⑤針金は樹脂が硬化するまでシャコマンで引くなどして
　固定しておく。
⑥硬化後，針金はマット面で喰い切る。ボディ本体から
　落ち込んでいるマット面は，小さく切ったマットで埋
　めてパテ仕上げをする。

壊れた範囲

針金を引く

レタン樹脂系であればポリエステル樹脂にも冒されないでマットを張り付けられる。
　発泡材が空洞内に無駄に拡がらないように，修理個所の内側両端にボロ布か紙を
丸めて堰を作っておく。しかし，これは後でごみとして全部内側に封じ込められて
残るわけで，その気持悪さは我慢しなければならない。

■ 大きい破損個所

　ボディパネルが大きく破損して，しかも元の破片が残っていない場合には，欠落
部分を原型から作り直さなければならない。
　原型は石膏か，発泡材ブロックを使うのが良い。まずボディ輪郭線を6mmベニア
で切り抜く。ボディ側面で反対側が残っていれば型紙を作って切り抜けるが，屋根
のように元の形を復元しにくい部分が壊れているときは，ベニア板の位置を工夫し
て少なくとも2個所，交差する方向に作り，表面の輪郭は少し離れて見通してでき
上がりの形をイメージしなければならない。

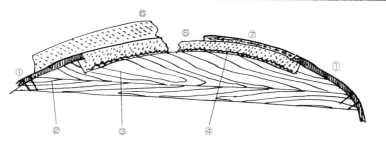

欠落したボディパネルのために石膏原型から作る。
①オリジナルのボディパネル。
②パネルが欠落している個所に木材で下地を作りボディパネルにしっかりと固定する。
③ボディ表面より15〜20mm下げた輪郭線に沿って木材で隔壁を作る。
④隔壁に沿って金網を張る。
⑤ボロ布を芯にして石膏を盛り上げボディの形を作る。
⑥最も丁寧なやり方は、このあと石膏面に雌型を作っていくのだが、そうしないで次のようにやる方法もある。それは、⑤の石膏面の上にマットを張り重ねることで新しいパネルとしてしまう方法だ。この場合は、石膏面をFRPの厚み分だけ低めに作っておく。
⑦新しいボディパネルの輪郭線。
⑧石膏原型の上にFRPか石膏の雌型を新たに作るのであれば、石膏原型は⑦のラインまで盛り上げてから塗装仕上げをし、雌型取りをする。

　ベニア板の木組みは元のボディ本体にしっかりと固定し、石膏の盛り付けやパテ付けで研磨する際の力に充分に耐えられる頑丈さが必要である。この木組みを土台にして発泡材ブロックを接着したり、石膏下地用の金網を釘打ちや工業用ホッチキスで止めていく。石膏はオリジナルボディ面より数ミリ高く盛り上げ、金鋸刃で削りながら表面を仕上げるのは、前に述べた原型作りと同じである。

　左右対称形ができるようにゲージを作り、それを当てながら削り、目の位置を高くしたり低くしたりで見通して形を確かめるという原始的な方法しかないが、これは案外に正確に確かめられるものである。

　最後に、石膏を数日乾燥させた後にラックニス、ラッカーなどで水分を遮断する目止め塗りをしてから、パテ付けをして研磨をする。

　発泡材の場合も同じである。これは石膏よりも削りやすいから、サンドペーパーの番手に気を付けながら必ず平板で当て木をして削る。

　原型が完成したら石膏、あるいはFRPで雌型を作る。これは欠落している部分よりもひと回り大きめに、元のボディへ数cm大きくはみ出すように作る。

　雌型の中に補修個所のボディパネルが成形できたら周辺を切り整えて、一応元のボディに乗せて、さらに形を確かめ、補修部分が元のボディと同じ面一にはめ込めるようにボディ側を切り、前述のように細い針金でからげ、内側から裏打ちをする。

林克己さんがフジキャビンを手に入れたとき
にはルーフパネルは全くなく、フロントのエ
アダクト周辺なども割れて落ちた状態だった。

以前の状態は想像もできないほどに見事に修
復されたフジキャビン。左側のメッサーシュ
ミットも同じようにして林さんがレストアし
たものである。

この際にも、薄いベニア帯を外側に当て、補修個所に段差が出ないように気を付ける。

　裏打ちの硬化後パテ仕上げ、塗装の順序で完成する。

　これが、最も基本的なボディ欠落個所の修理法だが、破損した部分が小さいとか、形が複雑でない場合には、雌型作りを省いて簡単にすることもできる。

　つまり、原型を作るまでは同様だが、異なっているのは、原型の表面をボディ仕上がり面より3mmばかり低く削って仕上げ、その上にボディ面までの段差をFRPで埋めれば良い。この場合、原型の表面はFRP面の内側となるからパテ仕上げはせずに、水気遮断のラックニス、ラッカー塗りだけで離型処理の上、直接FRP積層を始める。硬化後は成形の作業面が表側となるから、凹凸をサンダーで削りパテ仕上げをする。

　このように、FRP成形面を直接に仕上げ面にするのは、石膏やパテと違ってはるかに固く削りにくいから、当然精度を出すことや、オリジナルの曲面を再現させるのに苦労することは巳むを得ない。

欠落ボディパネルの補修作業を見せる非常に貴重な記録写真があるので，ここに掲載するが，これは埼玉県大宮市在住の林克己さんが，かの有名なフジキャビンを修復した際のものである。

　昭和40年代のことになるが，林さんは相当に酷くボディが壊れたフジキャビンを発掘し，修理するためのFRP成形の要領を僕のところへ問い合わせてきた。今まで全くFRPに手を触れたことのない人に電話だけで材料の購入から取り扱い方，仕上げの方法などを説明するのは無理だと大いに危惧の思いを持ちながら話をした覚えがあるが，わずかの期間でかくも見事に大作業を成功させたのには非常に驚かされた。

　最初の状況は，経験者ですらちょっと考えてしまう具合だったものを，ここまで美しく仕上げられた修復への意欲と努力は全く敬服する他はない。

　ちなみに，このフジキャビンは愛知県のトヨタ自動車博物館へ納められ展示されているが，これも復元の正確さが買われてのことだからである。

■ 亀裂，ひび割れの修理

　小さい事故でボディの損害が軽傷の場合，パネルは亀裂が入っただけですむのが普通である。

　もちろん，パネルの欠落がないのだから修理も簡単ではあるが，やはり注意すべき点がいくつかある。

　まず，裂けた個所ではパネル内部の繊維が切れたり，はがれたりして，繊維のモシャモシャが表に現れ，パネルの形はオリジナルの曲面を保ってはおらず，内側から外側にはみ出ていることが多い。これは，亀裂の両側のモシャモシャが互いにぶつかり合っているので，外側から押し込んでも元の形には戻らない。

　このモシャモシャは高速グラインダーで大きめに削り取り，パネルの形がオリジナルの曲面まで戻るのを確かめる。押す力を緩めると，パネルは弾性で再び変形するだろうから，針金で引くとか外側から適当な部材で押すとか作業の手を離しても，元の曲面が保てる工夫をする。そして，内側に目張りをしてから外側をパテ仕上げすれば良い。

　ボンネットの周辺や，フェンダーのホイールアーチにできた亀裂は，ボディパネルの外側に木片を当て，亀裂の両側をクランプすると，パネルに段差を作らないで固定することができる。その際に，目張りをする樹脂が流れて木片やクランプまで固着しないように，間にビニールシートを挟み込むと良い。安価なビニール風呂敷

188

①アルファロメオのボンネットの隅が割れた
が, パネルは失われてはいない。割れ目は
繊維の先がモシャモシャしてそのままでは
元の位置に戻らないから, パネルを取りは
ずし周辺にサンダーをかける。傷の表面を
斜めに削り落とし, 表から目張りをするた
めの準備をする。

②裏側から大きめに目張りをして固定してか
ら表側の合わせ目をマットとクロースの幅
の狭い帯で張る。

③全面にサンダーをかけてからパテ付け, 塗
装仕上げとする。

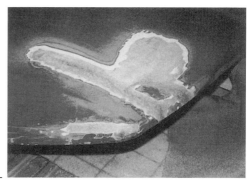

とかスーパーでくれる買い物袋を切って使えば充分である。

　いずれの場合にも, 目張りの前にグラインダーで塗料, アンダーコートなどは完
全に削り落として元のFRP生地を出し, シンナーで拭いて油分を除いておくことが
肝要である。

② 鉄板ボディの修理

普通の鉄板製ボディの修理にも，FRPの応用は使い方によって大変有効である。

事故による凹みや腐蝕個所の修理には，できるだけ同質の材料の方がよいから鈑金が適当と思うが，考えようによっては鈑金の仕上げには異質材料のパテを使うし，塗装をすることも金属ボディの表面を覆いつくすのだから，自動車を作る場合には銀食器を磨き上げるように全くの単一素材で作れるものではない。

鈑金作業の困難な部分や腐蝕の小孔をFRPで埋めたり張ったりすることは，補修に複合新素材と先端技術を駆使するのだと考えれば良い。

■ ボディパネルの凹みの修理

外側からの衝撃でボディパネルが少々凹んでしまった場合，凹みが浅く面積も小さい個所は，ポリエステルパテを盛るだけで簡単に埋め戻すことができる。もちろん，鉄板生地が露出するまで磨くか，下地の塗装がしっかりしていれば，表面の塗料を削り落とすぐらいでも良い。

深さが5mm以上にもなり面積がハガキ大よりも大きい場合は，パテのみではなく，FRPで埋める。

まず，ガラス繊維の足掛かりを作るために凹みの部分の鉄板に2～3mmの孔をあ

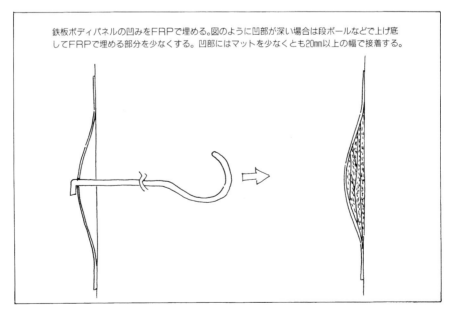

鉄板ボディパネルの凹みをFRPで埋める。図のように凹部が深い場合は段ボールなどで上げ底してFRPで埋める部分を少なくする。凹部にはマットを少なくとも20mm以上の幅で接着する。

け，細い針金を通して手前へ引き出し捩り合わせる。グラグラしないように固く締め，端を短く切る。これを足掛かりとしてロービングやマットの切り屑をからませ，樹脂を塗り付け，さらにその上にマットの小片を張り付けてボディ輪郭線まで盛り上げる。

樹脂の硬化後に直角定規の指し金か，樹脂製の物差しをたわませて輪郭線を確かめ，パテ付けをして仕上げれば良い。

補修部分の裏側が外界につながっていて，走行時に水はねがかかるようならば，さきに開けた小孔の周辺と繊維には充分に樹脂をいきわたらせて，再び水が入り込まないように注意しなければならない。

凹みの深さが1cm以上にもなっているところは，それを全部FRPで埋めるのには材料がかさむし，無駄な重さが増えることになるので，凹みの底を他の材料で持ち上げ，FRPでの埋め戻し量を少なくする。

まず，定規を当てて埋め戻す周囲の形をマジックなどで印を付け，上げ底にする形の見当を付けて等高線のように印を画く。上げ底の表側からの深さは全体にわたって，なるべく平均に3〜5mmくらいに考える。

上げ底を作る材料は発泡材，ベニア板，段ボール紙などを等高線に沿って切り抜き，定規で再度深さを確認しながら作っていく。形が決まったら，この上げ底材の裏側にゴム系接着剤か，両面テープなどで凹みの中に固定する。

次に上げ底材の周辺に30〜50mm間隔に小孔を開け，前と同じように針金を通してからげ，マットを張り付けていく。

上げ底部分の面積が大きいときには，これを貫通させる孔を数個所開けて針金を通し，周辺のからげたところまで伸ばして引っ張ると，強力な足掛かりができる。

凹みに孔を開けたら，裏側の防水処理を忘れないようにすることが肝要である。

深くて広い凹みをFRPで埋めつくす前に，凹みをできるだけ浅くして，埋め戻し量を少なくする工夫も必要である。

鈑金の専門家は，凹みの底に大きい平ワッシャーをスポット溶接し，その孔にスライディングハンマーを引っ掛けて引っ張り出す。溶接ができない場合には，底に4〜5mmの孔を開け，先端を鉤状にしたスチール棒を引っ掛けて，それを手前に引くという方法もある。こんな技法は昔の鉄板が厚かった時代のボディには効果があっただろうが，現在のように0.5mm以下の鉄板ではあまりにもヘナヘナで腰が弱く，かえって扱いにくいことが多い。

■ ボディパネルの腐蝕の修理

　FRPを固めるポリエステル樹脂は接着力，被覆力が強いことは確かに大きい特徴である。しかし，それに頼り過ぎてFRPは何にでも接着すると思い込んで，腐蝕のひどい鉄板パネルにベタベタと張り付けて補修できると思うのは大きな誤解で，まず失敗することが多い。

　ボディの強度を担っているフロアやドアピラーの根元などにひどく拡がった腐蝕部分に，いくら厚くFRPを張り付けても，これは全くの気やすめ程度でオリジナルの強度を復元できるものではない。

　鉄板ボディの場合，シャシーフレームの有無にかかわらず，基本的に前方からファイアーボード，フロア，リアシートフロア，トランクとの間の隔壁，上の方へかけてスカットル，ドアピラー，ウインドまわりのピラーから屋根にかけての骨などという具合に，外周をめぐる骨格に各所の壁がつながってガッチリとした剛性を作り出しているわけで，これらお互いどうしの部材は同質の鉄板で作られなければならない。

　ボディ全体が，まだ充分にしっかりしていても，たとえばバッテリートレーの下やドライバーの足元のフロアに孔が開いたとか，ドアパネルの下側にプツプツと腐蝕が始まるような状態は，さして珍しいことではない。

　多少の腐蝕の孔があっても，そこのパネルが周辺の部材にしっかりとつながっていれば，FRPでの補修は充分効果が期待できる。

　ハンドグラインダーに♯40〜♯60程度のフレキシブルのサンディングディスクを付けて，充分に錆を取り除く。機械が入らないところは，サンドクロースかワイヤーブラシで磨き，掃除器で削りカスを吸い取ってシンナーで脱脂する。樹脂は少々の錆の上にも接着するが，できるだけ生地を磨き出すのが良い。

　さらに念を入れるには，錆の上にも被覆力が強い防錆塗料のPOR-15を塗っておき，その上からFRP張りをすれば一層の安心感があるというもの。もしこの補修個所の裏側にスペースがあり，グラインダー掛けかブラシが届いて錆取りができて，さらにFRP張りを両面から施せれば，それに越したことはない。腐蝕部分を上下からFRPの内側に封じ込めるわけで，外部からの空気や水分が遮断できるから，それ以上の腐蝕が進むことはない。

　張るのはマット♯450を1層に♯120クロース1層を重ねる程度で良い。ルームフロアやトランクフロアのように，人の足や物が乗せられるところは♯450，2層に増すぐらいで充分である。それ以上は無駄に重量が加わるだけである。

　くれぐれも留意することは，錆取りと脱脂を充分にして綺麗な下地を作ることが原則である。

　腐蝕による欠落の面積が大きい場合や，そこのパネルと周辺の結合が弱くて既にユサユサしている個所は，何とか工夫して新しい鉄板で補強をし，その上をFRPで被覆して防錆処理をすれば良い。

　少し年代の古い車ではドア内側の水抜きが不完全で，表側パネルの裾に小孔が並んで開いてしまうことが良くある。

　この場合も，基本的にフロアの孔を修理するのと同じだが，ボディパネル外側にFRP張りをすると，表側に厚みが付いて元の形が崩れてしまう。表側の塗装や錆をハンドグラインダーで落としてから，ドリルか高速グラインダーに先端が細くなった砥石を付けて腐蝕の孔を少々拡げるように削り，ドア内側の錆落としをして内側にマット♯450，2層を張り，表側はそのままパテ仕上げにする。内側から張ったマットにパテの足掛かりをさせるのである。

　あるいは腐蝕の部分を小ハンマーの先か，ポンチを当てて叩いて1～2mmばかり凹ませ，そこをマット小片を並べるように張っても良い。

　いずれにしても，ドアの内外からマットを張り，互いに一体になって硬化できるようにする。ドアの内側を張るときには水抜きの孔を確かめ，往々にしてそれが小さ過ぎたり，塞がっていることもあるから，浸入した水がスムーズに流れ出るようにしておく。

　鉄板の腐蝕がなく，アンダーコートもしっかり付いていれば，そのままにしておいて差し支えないが，アンダーコートを補強する意味で，その上に樹脂だけを塗る方法もある。これも樹脂の生のままだと流動性のために流れやすく，塗り厚みが出ないので，アエロジルを少し混入して粘度を高めて塗るのも良い。

　しかし，これは程度問題で，樹脂分が厚過ぎると走行中の振動や小石が当たったときにクラックが入って欠け落ちるのではないかと心配にもなるし，特別にデータがあるのでもなし，どんな処置が最上なのか全く気分と好みの話になってしまう。

　年代を経た車のアンダーコートは，良く付着しているように見えても裏側に薄く錆がまわっていて，案外簡単にはがれてしまうこともある。一度はがし始めると次々と拡がり，遂には全面的に剥離させなければならなくなる。

　丁寧なレストアのためにはそれが望ましいが，作業は大仕事となる。

　また，しっかりしたアンダーコートの上にマットを張り付けると，これは意外に接着が悪くはがれやすいから止めた方が良い。

XII.FRPシートの作り方

　1963年には前の年に完成した鈴鹿サーキットで，我が国初の日本グランプリレースが行われた。

　翌'64年に第2回，'66年に第3回と開催され，国際レースとして多彩な外国車や，アマチュアの参加で軽自動車クラスまでもある中で，やがて日産のレーシングカーR-380がポルシェ勢を押さえて優勝するという快挙さえ見られた。

　見物する側からすれば，当時の外国製スポーツカー，オースチン・ヒーレースプライトからヒーレー100，MG-A，TR3，4，ロータス23，果てはアストンマーチンDB4，ジャガーXK-E，フェラーリ250GTまでもが一堂に会しているのを目の当たりにできたのだし，国産車ではスバル360，スズライトからパブリカ，フェアレディ，コンテッサ，コロナ，クラウン，セドリック，スカイライン，ちょっとレースのイメージからはずれそうないすゞベレルまでもがレースをするのだから，見ていて面白かった。

　このグランプリレースも2回目，3回目と回を重ねるごとに国産車メーカーの参入が増え，外国車ではそれまで実車を見たこともなかったポルシェカレラのシリーズが加わり，アマチュアの参加車のチューニングアップがいよいよ高度になって，レースは一段と迫力が増すようになった。

　当時，僕は数種類の自動車誌にフリーの立場で寄稿しており，主に新車のデザイ

ン解析とドライビングポジションの具合についての記事を書いていた。

テスト車のドライバーシートとステアリング，インストルメントボード，ペダル類，シフトレバーなどの位置関係を計測してドライビングポジション図を作り，必ず数時間連続運転をして，その印象を記録しておいた。

また，以前に仕事の関係でさまざまな外国車を運転する機会があったので，それらのデータも多く持っていた。

1960年代後半，昭和40年代の国産車は10年前と比較すると，動力性能と足回りの設計は格段の違いを見せていたし，ボディデザインもぐっとスマートになり，外国車とは異なるユニークさを持つものが現れるようになった時期である。そして，数多くの車を乗り比べてデータを集めるうちに気が付いたのが，ドライビングポジションの具合の良さ，あるいは不具合な個所の発見であった。

ドライビングポジションは，設計寸法として図に示すような各部の位置関係が数値で表されるが，理想的な寸法としてひとつに決定できない難点がある。もちろん，シートに座る人の体格の違いがある。乗用車やトラック，作業用車両であっても運転者が身長150cm未満，体重40kg台の女性から180cm，90kgを超える男性もいることを想定して設計しなければならない。

しかも，これらのドライバーの体格の相違を多くの場合，シートをせいぜい10数cm前後にスライドさせるだけで納める設計は，困難というよりもどだい無理な話である。

日本グランプリレースが始まった昭和40年代の国産車は，以前のものよりはるかに快適なドライブフィーリングが楽しめるようになったとはいえ，まだ身体のホー

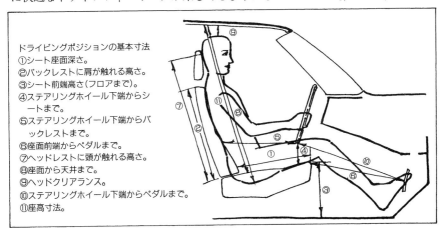

ドライビングポジションの基本寸法
①シート座面深さ。
②バックレストに肩が触れる高さ。
③シート前端高さ（フロアまで）。
④ステアリングホイール下端からシートまで。
⑤ステアリングホイール下端からバックレストまで。
⑥座面前端からペダルまで。
⑦ヘッドレストに頭が触れる高さ。
⑧座面から天井まで。
⑨ヘッドクリアランス。
⑩ステアリングホイール下端からペダルまで。
⑪座高寸法。

ルド不足のシートや，見えないメーター，リーチの悪いコントロール類が見られた。レースに出られるのは非常に恵まれた特殊な環境にあった人たちだったが，また一方で日本アルペンラリーを頂点に各地に中小のラリーが開催されるようになり，ジムカーナを楽しむ人口もふえてきた。それでも当時は具合が悪いという声はあっても，既製のシートを取り換えようという発想も，ましてそれを供給するところも全くなかった。

　しかし，潜在的な要望に注目し，もっとドライバーの身体の横方向のホールドを良くしたシートを開発して販売することを考えていたのが，青山にあったパラマウント商会㈱社長の松木氏である。氏には友人を通して紹介され，その着想を聞かされたときに，おおよそのイメージは理解できた。松木氏はラリーに強い興味を持っていて，当時最高のラリードライバーだったスウェーデンのエリック・カールソンに傾倒していた。そして，彼にあやかるように同型のサーブ96を愛用していた。しかし，氏自身は設計やデザインの実務をされているわけではないので，ラリーシートのデザインと開発を依頼された僕も，言葉の説明だけで具体的な形を思い浮かべるのはなかなか難しかった。

　そこで，まず手始めに木台の上に石膏でシートシェルの原型を作り，雌型無しでシェルを1個成形し，品川の方の内装業者にクッションを張ってもらった。この最初の試作は何とも武骨な形にできて，お世辞にもスマートとはいえなかった。松木氏はデザインを批判する優れた眼力があり，身のまわりの趣味も洗練されており，車のドライビングポジションについても鋭い洞察力の持ち主だった。ラリーシート

パラマウントシート最初の試作品。座ることはできたが，クッションの張り方がまだ不出来である。

196

パラマウントシートR-I型の完成品。試作品よりは
るかにスマートな形になった。品川の青木商会と
いう内張り内装店の手になり，センスがよく仕上
げがていねいだった。

に対する最初のイメージは言葉だけで話されたのだが，ひとつ試作が目の前に置か
れると，次第に指摘が具体的になり，その助言と指示で修整を重ねて生産型となっ
たのが，ここに示す写真である。

　完成品はパラマウントシートタイプR-1と名付けられ，車種別に，またドライバ
ーの要求も聞いて，注文通りのドライビングポジションが得られるように取り付け
用のブラケットを製作し，従来のシートを取りはずしたスライドレールの上に直ぐ
付けられるようにしたので非常に評判が良く，売れ行きは好調で生産が間に合わな
いほどだった。

　これが付けられてレース，ラリーに出場した車種は，国産車ではスカイライン2000
GT-Bが最も多く，フェアレディRS2000，ベレットGT，ブルーバード410，510
SSS，コロナS，同じく1600GT，コンテッサなどがあり，外国車ではミニクーパー
に最も多く付け，MG-B，ロータスコルチナ，ポルシェ，サーブ，ジャガーXK-E
などに及んだ。

　ホンダS600が出たときには，このR-1型はサイズが大きすぎたので，シェルの形
を簡単にしてサイズをひと回り小さくしたR-2型を開発し，ホンダN360，S800に
も需要があって，あわせて400個余を販売した。

　競技用やアクセサリーシートとして，これだけの量を売り上げたのはパラマウン
トシートが最初だが，数年後に次々と類似品が安く出回るようになったので，生産
を止めてしまった。

　現在ではアクセサリーシートとしては，ドイツ製のレカロが最高級品だし，国内

製のものも数種類販売されているから入手には苦労はないだろうが，それでも自分だけのシートを自分でデザインして作ろうとする凝り性の人のために，僕の経験の一端を記しておく。

① ドライビングポジションの図面化

　ドライビングポジションは自動車を運転する人の着座姿勢と体の寸法を，室内寸法に重ねて図面化ができる。しかし，これは自動車の種類によって設計された室内寸法が異なっているし，ドライバー個人も体格がそれぞれ違うから，一定の値で表せるものではない。たとえばトラックや現在のワンボックスカー，オフロードカーなどは座面が高く，上体をいくらか起こした姿勢で運転する。普通の乗用車にオーナーが乗るときは，座面はやや低く上体も後ろに傾斜させてより楽な姿勢になる。

　スポーツカーやレーシングカーではボディそのものを低くデザインするために，ドライバーの着座姿勢はシート座面がほとんどフロアに乗るばかりで脚は前方に伸ばし，上体はずっと後傾させるポジションをとる。

　自動車の構造とその着座姿勢は，お互いに組み合わさったセットのようなもので，たとえばもっと低い位置でドライブしたいといっても，オフロードカーの運転席にレーシングカーの寝そべるシートを付けることができないのは当たり前である。

　それゆえ，アクセサリーシートを付けたいと思っても，自分の車のポジションを

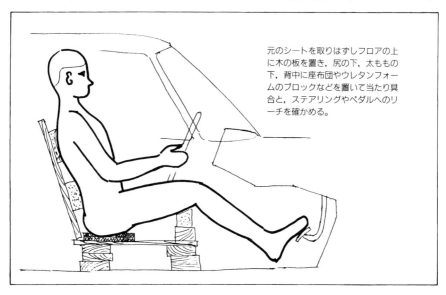

元のシートを取りはずしフロアの上に木の板を置き，尻の下，太ももの下，背中に座布団やウレタンフォームのブロックなどを置いて当たり具合と，ステアリングやペダルへのリーチを確かめる。

大幅に変更するようなことは，かえって具合を悪くするし危険でもある。自分の車のポジションに不満があるときに，変更あるいは改造して理想とするポジションとの数値の違いを作業前に把握できることが望ましい。

　まず，自分の車のシート調節を通常使用する位置にセットする。ドアを開け，シートの横にきてポジションの基本寸法図を画き，各々の寸法を記録しておく。

　次にシートをスライドレールの上から取りはずし，フロア上に木箱かコンクリートブロックをベースとして置き，高さ調節のためにさらに木の板か週刊誌などを重ねて置く。

　シートシェルにクッションを付けるのであれば，好みの厚みのウレタンフォーム材か薄い座布団を尻の下に置いて，まずは腰を下ろして見る。できれば太ももに柔らかいウレタンフォームを置き，太ももの膝の後ろ部分を軽く支えられるようにする。ここは柔かい材料で軽く接することが大切で，固く強く押されていると下肢が鬱血して痺れてしまう。

　この座布団の高さでシートシェルの高さを確かめる。ここが低過ぎるとステアリングホイールが上になり，ペダルと足先の関係が悪くなってひどく踏みにくい姿勢になってしまう。

　バックレストの位置を決めるのはひとりではできないので，助手を頼む。長い平板を用意して，腰の少し上あたり，いわゆるランバーサポートとしてウレタンフォームのブロックか薄い座布団を当てて助手に支えてもらい，背中の当たり具合で適当な傾斜を探し出す。

　これらの自分が設定した座面とバックレストの寸法を計って，さきに画いた図面に書き込む。それで既製のポジションとどのくらいの差があるかを知ることができる。こうして得られたデータを元に，シートシェルの原型を作るのである。

② シートシェルの作り方

　僕がパラマウントシートR-1を作った際の経過を説明すると，まずコンパネで座面とバックレストのベースとなる板を切り，適当な角材で補強を入れて骨組を作った。R-1のデザインではクッションをやや厚めに考えたので，シェルの座面とバックレストの間の傾斜角度をデータと合わせた程度で，外形は平面に近いわずかな曲面にした。

　この形に石膏を盛り，横方向の支えの壁も作り，クッションを置いて座ってみる。背中と腰の当たり具合を確かめながら，石膏を盛ったり削ったりの調整をするのだが，

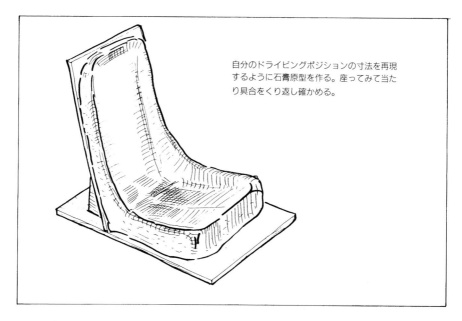

自分のドライビングポジションの寸法を再現
するように石膏原型を作る。座ってみて当た
り具合をくり返し確かめる。

これは全く感覚的なもので，定量的な根拠のある作業ではない。多分にいい加減な
ところがあるのだが，僕は以前にデータを集めたさまざまな車の座り具合の記憶に
頼って形を作った。

　このR-1シートの開発を依頼した松木氏は〝まずドライバーの腰を確実にホールド
できるように〟と強く要望されたので，従来のシートには全くなかった横側に壁を作
り，これで腰の左右への振れを押さえようと思った。

　石膏原型でこの壁を高く持ち上げ，内側に少し厚く堅いクッションを付ければ良
いと考えたのだが，最初は機能性と見た目のデザインがなかなか一致せず，試行錯
誤のくり返しだった。

　石膏原型が大体できて試しにシェルを1個成形し，輪郭を切り抜いたが，外側の
シェルだけだと何ともユラユラと撓みが大きくて形が定まらないので，内側の隅に
ブーメラン状の密閉した空洞状補強を付けたら撓みは全くなくなった。

　クッションの張りも何回か試作をくり返し，腰のホールドが相当タイトにできる
形になってから，ようやく最終的にシェルの雌型を作って生産に移ったのである。

　シェルを1個だけ必要であれば，雌型を作らずに石膏原型から直接製品用のシェ
ルを成形すれば良い。石膏を充分に乾燥させて硬化してからシェルを作り，脱型の
際に気を付けて石膏を壊さないようにすれば，2～3個の成形はできるだろう。

パラマウントシートR-I型の雌型。シートシェル内側にブ
ーメランのような補強型が置いてある。右側に反対側の
ものが置いてある。

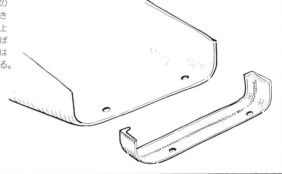

シートシェルの前端に高さ10mmほどの
フランジを立ち上げるために分割でき
る雌型を作る。シートバックレスト上
端は雌型を折り曲げた形にしておけば
良い。前端のフランジ型のみを取りは
ずせれば抜け勾配が取れるからである。

　当時はシェルの成形に#600マット2層を用いたが，#450マットならば3層で充分
である。また，シェルの前端とバックレスト上端にも10mmばかりの折り曲げフラン
ジが成形できるような取りはずし可能な細長い型を土手のように作り，その部分は
幅10cmばかりのマットをさらに2層重ねた。

　シェルの周辺は幅10cmのマットをさらに2層張ると合計積層は本体とあわせて5
層になるから，硬化時に約4mm厚以上は得られるだろう。

　内側の補強は3mmベニア板をブーメラン状に切り抜き，周辺がシートシェルの隅
に良く当たるように工夫して#450マット2層で張れば良い。5個以上も作る計画が

あれば，補強用のブーメランも雌型を作った方が能率的である。この補強型は，周辺が少なくとも３cm以上の幅でシェル内面に密着できるような形でフランジを作り，シェルを成形するときは手順を良く考えて，シェル雌型にまず#450マット３層を張り，この硬化前に先に#450マット２層を張った補強型を押し付け，両方を一度に硬化させるのである。

　成形にとりかかる前の準備として，マットは全使用分を裁断して区分けしておき，まず補強型から張り始める。このときの樹脂は硬化剤を少し多めに，常温で20分ぐらいで硬化が始まるように調合する。

　次にシェル雌型内に本体を成形し，周辺の増加分もすべて積層が終わってから，さきの補強型を圧着する。このときに補強型の方で硬化が始まっていないと，作業中に型を天地逆にした折りに，積層部分がはがれて落ちる恐れがある。それを防ぐ目的で，こちらの樹脂の調合を少し早めるのである。

　補強型をシェル内側に圧着させるには，深い大型のクランプが便利である。シェルの形状によってクランプの当たりが並行にならない場合は，クランプの脚に適当な形の当て木が必要である。

　脱型後にシェルの周辺を，自分のデザインにしたがって切り整える。つまり，腰を押さえる側の立ち上がりをどのくらいにするか，シートベルトをどこで締めるか，そしてデザインをどうするかで最終的な形を決定する。

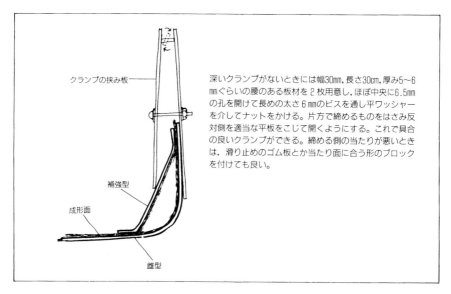

クランプの挟み板

深いクランプがないときには幅30mm，長さ30cm，厚み5〜6mmぐらいの腰のある板材を２枚用意し，ほぼ中央に6.5mmの孔を開けて長めの太さ６mmのビスを通し平ワッシャーを介してナットをかける。片方で締めるものをはさみ反対側を適当な平板をこじて開くようにする。これで具合の良いクランプができる。締める側の当たりが悪いときは，滑り止めのゴム板とか当たり面に合う形のブロックを付けても良い。

補強型

成形面

雌型

　1個を切り抜いたら，それを再び雌型の中に置き，その輪郭に沿って鋭いスクレーパーの先か錐で雌型の内側に刻み線を削り込む。次に成形する際には，その刻み溝がハッキリと新しい成形面に転写されるから，それに沿って切断すれば同じ形に仕上げられる。

　R-1シートを作っていた当時は，まだヘッドレストがなくても良かったので，最初は付けなかった。しかし，間もなくヘッドレストを望む注文が多くなったので，シェル雌型のバックレスト部分を上方に伸ばし一体で成形するようにした。この首の部分は，特に積層を厚くして6mmぐらいに成形した。
　シェルの脱型後にヘッドレストの形を切り抜き，表側に硬めのクッションを張り付けるのである。

③ シートクッションについて

　椅子の種類には基本的に二つの形がある。座面が固い材質で作られているものと，その上に柔かいクッションを置いたものである。
　固い椅子は尻がじきに痛くなって長時間座っていられないかというと，決してそんなことはない。最も良い例が小学校から大学にまである教室の椅子である。人間工学的な良い設計で作られた，木製の座面と背当てだけのものでも，1時間以上さして苦痛もなく座っていられる。退屈な授業が苦痛なだけである。
　良い椅子の条件は骨盤の下側にある座骨結節と呼ばれる，左右の尻のグリグリで体重の大部分を受け，背骨の第3，第4椎骨あたりで背中側を支える構造であるとされる。
　自動車の場合は振動があるから，それが直接身体に伝わらないように緩衝材としてのクッションが必要である。
　体重を支えるシート座面の座骨結節が当たる部分は反発力のある，いくらか固めのクッション材が良い。ここが柔らかいと座った直後はふわっと体が沈む感じで心地良い印象を受けるかも知れないが，実際には体重が周辺の筋肉に分散して，かえって疲れやすくなる。
　特に注意することは，太ももの裏側，膝に近い部分のクッションは極く軽く触れる程度にして，材質も柔らかいものを使う。ここを固くして高いクッションにすると，血管が圧迫されて血流が妨げられて足が疲れたり痺れたりする。
　R-1シートでは，腰のあたりのシェル内側は幅が47cmと比較的広い寸法なので，

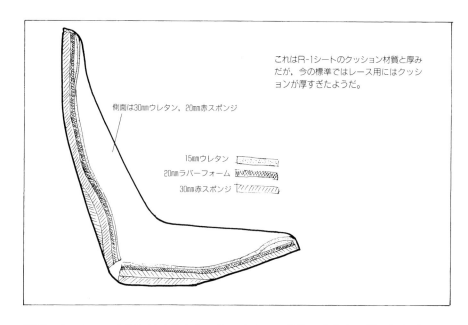

これはR-1シートのクッション材質と厚みだが，今の標準ではレース用にはクッションが厚すぎたようだ。

側面は30mmウレタン，20mm赤スポンジ

15mmウレタン
20mmラバーフォーム
30mm赤スポンジ

側面のクッションを割に厚く入れた。そのために，体格の大きさに関わりなくドライバーの腰を受け入れられて，充分にサポートすることができた。

　自分の石膏原型の中に腰を下ろして具合を見るときも，尻の下，腰の両側，背中側に薄い布団とかスポンジ，フォーム材などを適当に切ってクッション材として置いて，座り心地を試して見ると良い。ちなみに，R-1シートの最終的に決めたクッション材の種類と厚みを図に示しておく。

　クッション材で最も固めの，いわゆる腰が強いものは，ウレタンフォームの固めの切り屑をゴム系の接着材で固めてブロック状にしたもの。

　次はスポンジ，これはゴム系の発泡したもので赤い色が多く，俗に赤スポンジと呼ばれる。

　ラバーフォームもゴム系の発泡したもので，以前は寝具のマットレスに多く用いられた。長い間にはボロボロになり，暑さで溶けたようにもなるので，今は寝具にはあまり見られない。ウレタンを発泡させた材料が出てきてから硬さの種類がいくつもあり溶けることもないので，非常に広く用いられるようになった。しかし，長い間には腰がなくなって柔らかくなる欠点もある。

　生産車のシートは，クッションの形の雌型の中にウレタンの液状のものを注入し，型の内側に発泡させて完成した形を作ってしまうので，非常に効率が良くなった。

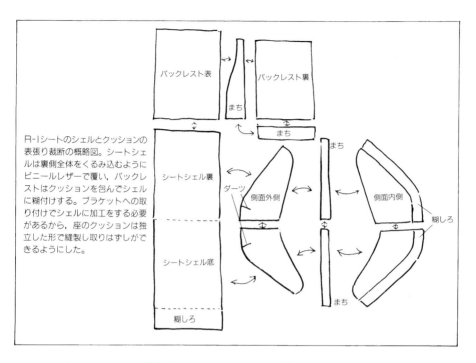

バックレスト表

バックレスト裏

まち

まち

シートシェル裏

ダーツ

側面外側

まち

側面内側

糊しろ

シートシェル底

まち

糊しろ

R-1シートのシェルとクッションの表張り裁断の概略図。シートシェルは裏側全体をくるみ込むようにビニールレザーで覆い，バックレストはクッションを包んでシェルに糊付けする。ブラケットへの取り付けでシェルに加工をする必要があるから，座のクッションは独立した形で縫製し取りはずしができるようにした。

　シートクッションは表側をビニール材や布地，高級なものは皮を縫製して仕上げなければならない。

　R-1シートの場合では，シェルの背面と底面を外側からビニールレザーでくるむように裁断して縫製し，内側はクッション材を同じレザーで包み，シェルの外縁で表のレザーと縫い合わせ反対の端をシェル内側へ接着材で糊付けをした。

　バックレストはクッションを布地で座布団のように作り，上縁を表のレザーと縫い合わせ，そのまま全体をシェルに接着した。

　座面のクッションも，座布団のようにくるんで縫製し，これは接着せずに上からはめるだけにした。これは座面の下にあるシェルをフロアのスライドレールに取り付ける作業ができるようにするためである。

　シートクッションと表側の縫製を自分でするのは，あまりに厄介である。いろいろな材料を少しずつ揃えなければならないのも無駄が多いし，縫製は技術的に困難な上に腕も要る。恐らく家庭用のミシンではできない作業である。以前は自動車内装業の店がいくつもあったが，近頃は注文が激減したのかほとんど見かけなくなったが，電話帳のハローページを調べれば何軒か見つけられるかもしれない。

業者に依頼するには，クッションの材質や厚みの希望を正確に伝えて，できれば実物を手に取って確認し，専門家の意見を良く聞きながら決めると良い。表側に張る素材も店の在庫のもの，見本帳のものなど納得できるまで確かめれば満足のいく製品に仕上がるだろう。

4 取り付け用ブラケット

　でき上がったシートは，スライドレールとの間に専用のブラケットを作って取り付ける。これも市販されていないので，自分で設計して作るか，鉄工所に注文をして製作してもらう。

　まずシートを，前に原型を作るときに画いた自分のドライビングポジション図の寸法通りにフロアの上に置いてみる。それから何はともあれ座ってみて，さらに高さ，傾斜などを微調整し最適の位置を探し出す。

　決定となったら，シートの位置を崩さないように気を付けて車から降り，スライドレールの取り付け孔とシート底面との相互関係を計測して図面を画く。これは平面，側面，正面の各寸法が必要である。この場合に，スライドレールの調整位置は中間ぐらいにしておくのが良い。

　この専用のブラケットは，幅30mm厚さ5mmの平鉄帯材をプレスで折り曲げ，ネジ孔を開けて作る。

　この厚みの鉄材をハンマーで叩いて曲げるのは困難だから，ハンドプレスが借りられれば良いが，専門家に依頼するのが早道である。できればボール紙を帯状に切

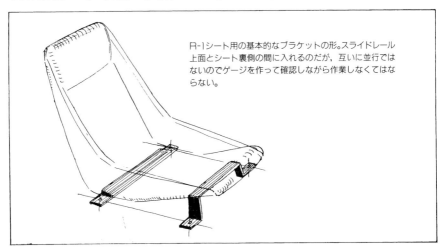

R-1シート用の基本的なブラケットの形。スライドレール上面とシート裏側の間に入れるのだが，互いに並行ではないのでゲージを作って確認しながら作業しなくてはならない。

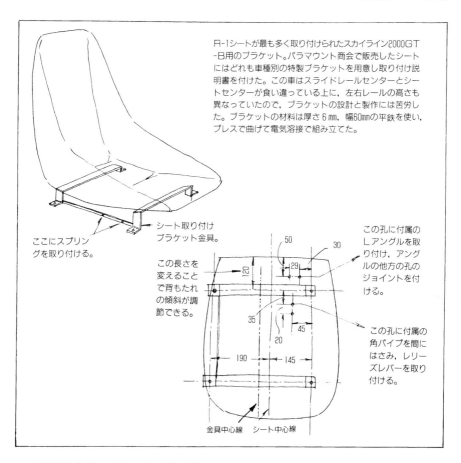

R-1シートが最も多く取り付けられたスカイライン2000GT-B用のブラケット。パラマウント商会で販売したシートにはどれも車種別の特製ブラケットを用意し取り付け説明書を付けた。この車はスライドレールセンターとシートセンターが食い違っている上に，左右レールの高さも異なっていたので，ブラケットの設計と製作には苦労した。ブラケットの材料は厚さ6mm，幅60mmの平鉄を使い，プレスで曲げて電気溶接で組み立てた。

ここにスプリングを取り付ける。

シート取り付けブラケット金具。

この長さを変えることで背もたれの傾斜が調節できる。

この孔に付属のLアングルを取り付け，アングルの他方の孔のジョイントを付ける。

この孔に付属の角パイプを間にはさみ，レリーズレバーを取り付ける。

50　30　29　120　35　45　20　190　145

金具中心線　シート中心線

って模型を作り，あらかじめ折り曲げ個所を確かめておくと一層正確にできる。

　ひとつ注意しておきたいのは，既製のシートをスライドレールから取りはずしたときに，左右のレールの高さ，取り付け孔の間隔などを良く観察して計測しておくことである。ほとんどの場合，レール高さは左右同じで，取り付け孔も前後同じ間隔に作られているが，稀には左右のレール高さが異なっていたり，前後の孔が同一幅でないこともある。

　シートシェルとブラケットの結合は8mmボルトを使い，ナットはブラケットの下で締めるようにする。ボルトが貫通する個所は，シェル底部に補強のフランジが重なっている最も肉厚の部分を選び，必ず平ワッシャーを入れて締める。

5 小型R-2シート，その他

　R-1シートは当時パラマウントシートと呼ばれて，デザインがシンプルで中型以上のどんな車にも取り付けることができたし，当時盛んだったアマチュアレース用に最適と雑誌で評価され，好評を博していた。

　販売元のパラマウント商会ではラリー用品にも大変力を入れていたので，その方でも多く使われた。あるラリー好きの友人はアルペンラリー出場のために新車を買い，車の価格ほどもするコンピューターを注文し，R-1シートを助手席にまで取り付けて出場した。そして，ラリーが終わってから元のシートに戻したらあまりの具合の悪さにあきれて，再びR-1シートを付けて日常に使っていると語ってくれた。

　1964年春先にホンダS600が発売され，'66年にはS800が続いて登場した。これにもアクセサリーシートが必要だということで，よりコンパクトでシンプルなモデルの開発を依頼され，完成したのがR-2シートである。

　これはシェルの裏側外面が型に当たって滑面となり，内側が作業面になるのはR-1と同じだが，シェルに空洞の補強を付けず，外周に沿って裏側に丸く湾曲する縁を巡らして，補強効果を得るようにした。その結果，抜け勾配向きに1回で脱型できるので，成形が楽で速く作れた。

　クッションは座面の底と背中に小さいものを置くだけで，全体は15mmのウレタンフォームをビニールレザーと重ね合わせて張っただけである。接着だけでは不充分なので，座面と側面との境の縫い目に細いスチールワイヤーを入れ，シェルに小さい孔を開けて裏側へ別の針金で引っ張るようにした。座面とバックレストにはビニ

パラマウントシートR-2型の完成品。ホンダS，ホンダNに最も多く取り付けた。

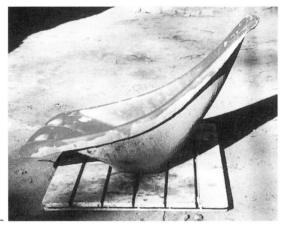

R-2シートの雌型。シートシェルは一体型でシェル周辺を丸みを付けて折り返して補強としている。シェルは背中裏側に型が当たるので滑面となり、内側の作業面は内張りで覆われる。

ールレザーとシェルを貫通して大型の鳩目を打ったので，通気性も兼ねられ表張りも良く押さえられた。これは内装加工店の主人の工夫で，非常に具合が良かった。

1967年にはホンダN360が発売され，ユニークな空冷FF駆動，シンプルなボディデザインに対して他車を大きく引き放す低価格だったので，たちまちベストセラーとなった。

R-2シートは，こちらにも数多く取り付けられた。パラマウント商会でのみ販売され200個近くに及んだが，それらのシェルはすべて僕のところで作った。SとNに限られていたので，取り付けブラケットを少し形を変えるだけで足りた。多分1〜2個だけオースチンミニに取り付けた記憶がある。

R-2シートのようにシェル曲面がドライバーの身体にほとんどピッタリと沿うデザインでは，ブラケットの取り付けネジの頭が少しでも出っ張っていると身体に邪魔に感じられる。

取り付け個所は，図のようにシェルに凹みを作り，ボルトではなく丸頭のビスを使うのが良い。もちろん必ず平ワッシャーを入れることを忘れてはならない。

初期の日本グランプリレースには，エンジンとサスペンションの強化ぐらいで出ていたホンダS800は，既製の重いボディをはずして軽いFRPで新しいデザインのボディを手作りし，エントリーするアマチュアが増えてきた。

R-1シートではとても対応できず，R-2シートでもドライビングポジションが無理なので，再び原型から作り直して，より実戦的なシートシェルを作った。バックレストをさらに傾斜させ，ドライバーの脇腹をより強く押さえる形にして，ビニールレザーを張るのも止め，ドライバーの好みで尻の下にだけ小型のクッションを置

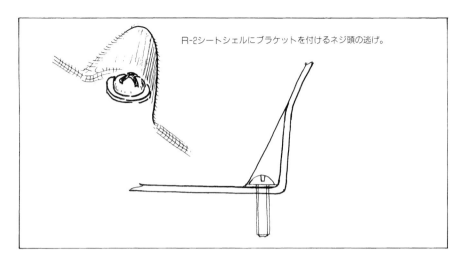

R-2シートシェルにブラケットを付けるネジ頭の逃げ。

くようにした。そのためにこれは雌型に当たった滑面がシートの表側に出るように型を作った。ヘッドレストを付けて欲しいという声もあり、バックレストを上に伸ばして、クッションの有るものと無いものを作った。

　後のコニリオにもこれらのシートを付けた。このレーシングシートシェルはRタイプの販売元のパラマウント商会ではなく、コニリオの開発元であるレーシングクォータリー㈱の依頼で製作したものである。

レース用シート。ドライバーの上体は後方に大きく傾斜させている。その分バックレストが前方に立ってくる。製品シェルの表側が滑面の仕上げ側になり、横幅が狭く、小さいクッションを尻の下に置くだけのもの。

　R-2シートもそうなのだが，このようなレーシングタイプのものはクッションがほとんどない状態で，固いシェルがドライバーの身体に触れるから，腰と背中に局部的な無理がかからないように支持しなければならない。石膏原型の作り方は，基本的にはR-1シートと同じなのだが，中に座って身体の各部と雌型内側の曲面が体に当たる具合を慎重に確めながら石膏を盛ったり，削ったりして作る。

　そのようにして作ったシートシェルは，この特定のドライバー，あるいは製作者にだけうまくフィットするわけで，これを汎用型として販売するのは無理があるともいえよう。

　後に，僕はR-2シートの横幅を拡げ，前側と横側の縁の折り返し部分を伸ばして，三本脚を付けてガーデンチェアを作った。クッションなしのまま座れるようにして表面はゲルコート仕上げで白，ベージュ，赤，黄，オレンジなどいろいろな着

パラマウントシートR-2のシェルの横幅を拡げて脚を付けゲルコート仕上げとしたガーデンファニチュア。これは東京都美術館で毎年行われる美術展，新制作展に入選した。

ガーデンファニチュア用の雌型。脚の先端は折り曲げて幅の狭いフランジが作ってある。抜け勾配にならないが，雌型の脚を外側に拡げて脱型できる。型の表面はゲルコート仕上げにするので成形ごとにコンパウンド磨きをする手間がいる。

ガーデンファニチュアとして作ったテーブル。直角三角形型を1つのユニットとしてその組み合わせで様々な形，大きさができるようにした。

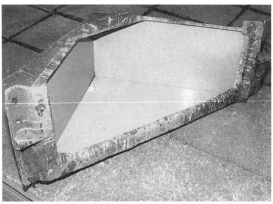

ガーデン用テーブルの雌型。この形は縦面が垂直になり型として抜け勾配が付けられないので，2個の分割型とした。ゲルコート仕上げとするため，型面は#800ぐらいの耐水ペーパーで研磨してから中目のコンパウンドで丁寧に磨いて光沢面を作ってある。写真は型を上下逆に置いた状態。

同じくガーデンチェアの雌型のフランジ上に作られた合わせ用のホゾとホゾ穴。これによって分割型は互いに正確な位置決めができる。さらにフランジはボルトで締め合わせる。

色のものを作った。これを東京都美術館でやっている新制作展という美術展の家具・インテリアデザインの部門に応募して入選した。

　この椅子は，クッションを置かないままで身体の当たり具合が良く，庭の木陰に置いて使うのに評判が良く望まれて100個近く製作し，一時は家具店で販売されたこともあった。

XIII. FRP成形に必要な工具，道具類

　FRP成形での特筆すべき特徴のひとつは大規模な設備，工業施設がなくても製品が作れることである。つまり，これは趣味的な手工芸をする程度のものから造形工房として彫刻作品，工業デザインの試作，また場所と労働力があれば事業として成立させられるような規模の生産までもできる。裏を返せば，FRPの成形の大部分が手作業でなされるもので，そのための空間と働き手と，いくらかの知識があれば足りるということである。

　しかし，作業の種類は非常に多岐にわたるので，これを計画し実行するには木工，金工，立体造形，機械の組み立て，塗装などの知識と技術が必要である。その上，これらの諸工程を統括する設計と製図も自分でこなさなければならない。

　しかし，これらの作業をすべて自分一人で受け持つことは容易ではないだろうから，それぞれの分野での専門的知識，技能を持った人材とグループができれば大変都合がよい。

　作業がほとんど手仕事ということは，工具や道具類も極めて日常的に使われる程度のものが主で，日曜大工的な電動工具を加えるので充分である。

■ 作業場
　まず必要なのは作業場の確保である。手工芸的なものであれば適当な場所でもで

きるが，計画する製品の形が大きくなれば，原型を作る空間，できた雌型が置ける場所，型の中に成形ができる広さ，多くの材料や道具類が置ける収納場所など，少なくとも製品の形の3倍の空間が必要である。そして，原型と成形作業をするのには最低限，お天気を心配しなくて，しかも多少の温度管理ができる屋内空間が望ましい。家庭用，台所用のもので充分だが，換気扇は必需品である。

ガスは出なくても電気と水道の供給が整っていることはいうまでもない。

■ 電動工具

●電動丸鋸

原型作りで木工作業用に電動丸鋸は最も重要で，非常に便利な工具である。鋸で木材を切っていた以前のことを思うと，今は全く楽な作業ができるようになった。

刃は木工用を使うのだが，刃先に超高速度鋼のチップの付いたものが切れ味，耐久性ともに優れている。

切れ味が良いというのは，使い方を誤ると人体に非常に危険であることと同意義である。丸鋸の刃は，工具本体を右手で保持したときに手前に走る向きに回転する。切るときは材木の手前に少し離して刃を置き，スイッチを入れて回転させてから本体を前に押し進めて切る。この押す力を緩めると本体は直ぐ手前に戻り始め，油断をすると非常な早さで材木の上を走ってくるから，本体の後ろに自分の足や左手を置いて材料を押えているのは大変危険である。

チップ付きの刃は釘があっても楽に切ってしまうから，手の指などは簡単に切り落とせるのである。

丸鋸は自分で扱うときはもちろん，初心者の助手には充分に説明して使わせ，子供には決して触れさせないように注意をする。

●電動ドリル

電動ドリルもまた，非常に有効な工具である。今はチャックの能力が大きくなり，10mmぐらいまでの錐がはめられるようになったので便利である。丸鋸のように危険ではないが，それでも充分に注意するに越したことはない。

ドリルの刃は良く切れるものを使いたいのは当然のことだが，動力で刃が回転しているので切れ味が落ちていてもつい力で押し勝ちになる。切れない刃で鉄板に孔を空けようとすると，キーキーと不快な音がするばかりでなく，摩擦熱で刃先が赤く焼けてしまうことがある。もしFRPの積層間に鉄板が重ねてある部分に開ける際

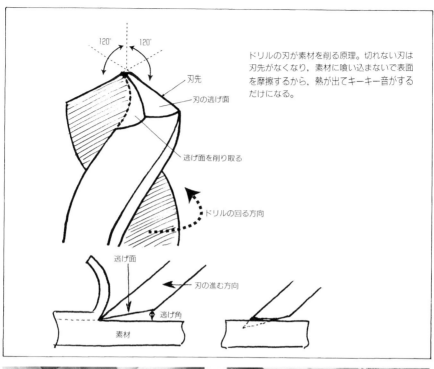

120° 120°

刃先

刃の逃げ面

逃げ面を削り取る

ドリルの回る方向

逃げ面

刃の進む方向

逃げ角

素材

ドリルの刃が素材を削る原理。切れない刃は刃先がなくなり、素材に喰い込まないで表面を摩擦するから、熱が出てキーキー音がするだけになる。

ドリル研ぎ。まず刃先を水平に砥石面と平行に当て、元（右手側）を立て先端（刃先）を下げるように逃げ面を削る。同時に右手でドリルを時計まわりに1/4回転ばかりまわす。砥石の下に水を入れた容器を置いておき、すぐ刃先をそこへ入れて冷やす。

次に砥石の右角で逃げ面を1/3ばかり削り落とす。向こうにある反対側の刃先を削らないように細心の注意が必要。砥石の右角が直角になっていない場合には刃直しや、荒い砥石で修整しなければならない。

左側は逃げ面を研いだもの。右側はさらに逃げ面の左側1/3ばかりを削り落としたところ。

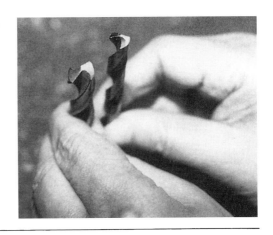

には熱で樹脂が炭化したり、ついには発火することさえある。

　ドリルばかりでなく刃先が物を削るときは刃先が物に食い込み、刃を進ませる方向に図のように逃げ面に逃げ角があることで刃先が削り進むのである。この原理を覚えて、ドリルの刃先をグラインダーで砥げるようになると非常に役に立つ。

　ドリルの刃を砥ぎ直すのは、熟練の職人にしかできないものと思われているだろうが、理屈とコツがつかめれば案外とうまくいくものである。

　これは、極く細い目の直径10〜15cmぐらいの砥石を付けたモーター直結型の小形グラインダーが必要である。手順は写真のようになる。

　FRPパネルに孔開けをするのもガラス繊維を削っていくので、刃の切れ味が鈍くなりやすいから、時折り砥ぎ直すのが良い。

●電動ハンドグラインダー

　FRPパネルの切断と削り、研磨などに欠くことのできない工具で、10cm径のサンディングディスク、切断砥石、研磨砥石が取り付けられる。

　FRPパネルの切断には厚み2mm、平面状のプラスチック用、金工用の切断砥石を使う。

　切断には、材料は足元の台の上に置いて足で押さえ、グラインダーを右手で持ち、刃の回転は切り口の当たりで切り粉が先方に飛ぶ向きにする。このようにすれば、FRPの切り粉が自分の方に掛からないからである。切り粉は大量に出てくるし、微粉末を吸い込むのは健康に極めて悪いから、作業用の防塵マスクをして、なお自分の後ろに扇風機を置き、切り粉が遠くへ飛ぶようにするのが良い。

成形したドアの周辺を切断している。FRPパネルの切断には100mm径の切断砥石(カッティングブレード)が良い。切断面の荒仕上げには金属用のオフセット型研磨砥石(サンディングディスク)を使う。切断砥石の側面で削ると,割れて飛んだ場合に非常に危険なので決して試みてはならない。

規模が小さいとはいえ,完全に公害を発生させているわけで,切り粉が隣家に飛んでいくような地域では作業はできない。グラインダーの刃先に作業用の集塵器を置くぐらいの配慮が必要である。

その上,騒音源でもあるので,作業時間も考えなければならない。

フレキシブルサンディングディスクは,目の荒さによって♯20台から♯100台ぐらいが使える。主に金属の錆取りなどに使われるものだが,FRPの切断した切り口の研磨や,接着面の荒らし,木部の成形に有用である。

金工用研磨砥石はFRP面や切断面を大きく削り落すのに使う。いずれもハンドグラインダーのシャフトのネジを緩めて,交換できるようになっている。

砥石はそれぞれの用途で使い分けるようにし,切断砥石の側面でサンディングは決してしてはならない。切断砥石は薄いから,側面に力を加えると割れる恐れがあり,これが人体に当たると危険である。

●オービタルサンダー

これはサンドペーパーやサンドクロース,耐水ペーパーなどを長方形に切ってパッドにクリップで止め,そのパッドが前後または小さい円を画きながら動くサンダーで,とくにパテ研ぎ用に有効な電動工具である。DIY店では日曜大工用にボディがプラスチック製の軽いものを売っているが,プロ用の金属ボディで重量のある方がボディが踊らないでパッドだけが動いて具合が良いが,持つ手には重く感じられる。

ペーパー類は規格で皆同じサイズに作られており,これを3等分に切ってパッドに当てるようにできているものが多い。

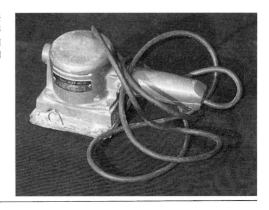

オービタルサンダー。電動のサンダーができる以前は大きい面のペーパー掛けはすべて手でしていて相当の重労働だった。効率化と省力化には大いに威力を現すが, 仕上げの研磨はやはり手で掛けた方が正確な面ができる。

パテの荒研ぎや, 錆取り, FRP面の荒しに腕の労力軽減に非常に具合が良いが塗装面の仕上げ研磨には不向きである。微妙な面の研ぎにはやはり当て板にペーパーをのせて手で磨くのが良い。

■ その他の道具類

●原型製作用

原型に石膏を使う場合には下地の芯は木材で作るから, 通常の大工仕事としての金槌, 手鋸, 釘抜き, 錐, 釘などの他に原型の項で述べた指し金(直角定規), 水平儀, 墨つぼが用意できれば良い。

石膏作業用のゴム容器, 彫刻ヘラは画材店で求められるし, 代用として子供用のバレーボール, サッカーボールを二つ切りにして, 洋食ナイフをヘラに使えることは既に述べた通りである。

石膏削り用の金鋸刃, 古鋸, 下ろし金型のヤスリ, 耐水ペーパーの使い方も前述の通りである。パテ付け用としてパテこねの板, パテヘラ, 耐水ペーパーは♯80から♯600ぐらいまでのもので充分である。

●成形用

成形用にはガラス繊維切断用のカッター, 1mの金属製定規, 樹脂調合容器, ウールローラー, 脱泡ローラー, ゲルコート用刷毛などがいる。

樹脂は非常に接着力が強いので, 調合用容器は古い樹脂でガチガチになってしまう。使い捨てとして, 少量ならば紙コップ, 普通は1ℓ入りの自動車オイルの缶が便利である。オイル缶はガソリンスタンドで無料でもらえるから, 蓋を切り取って

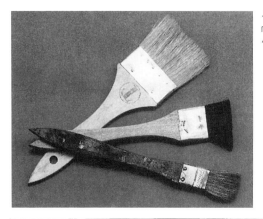

ゲルコート用，成型用刷毛，大きいのが幅50
mm，豚毛で腰が強く両方の作業に適している。
小型の2種は柔かい毛で小物の作業に使う。

からシンナーで中をゆすいで使う。

　もちろん，缶詰の空き缶，乳幼児の粉ミルクの缶なども便利である。

　樹脂を塗るのは豚毛の平刷毛，幅が3〜7.5cmぐらいが良い。成形の面積が大きい
ときはウールローラーを使う。これはFRP専用に作られているものを購入する。ロ
ーラーはハンドルにネジで取り付いているから作業が終わったらはずして紙であま
った樹脂をしぼり取り，固形石けんで何度も洗って乾かしておけば，くり返し使用
できることを再度注意しておく。

　脱泡ローラーはナイロン製のブラシをローラー状にしたもので，繊維の積層が終
わった上にこれを転がすと中の気泡が追い出され，均一で平らな作業面が得られる。
作業面は普通は多少でこぼこになって美しく作りにくいものだが，人の目に触れる
ような場合にこのローラーを掛けると良い。

　雌型のフランジを合わせるのにはクランプ，しゃこ万などを使う。量産型ではフ
ランジに孔を開けボルトで締めるが，小形のしゃこ万をたくさん備えられれば非常
に能率が良い。

　大形の雌型でしゃこ万の顎が浅くて届かないときは，平板を2枚組み合わせて好
みの寸法に自作するのも良い。僕はシートシェルの補強型の組み立てに自作のしゃ
こ万を数個使った。

　離型剤のPVAやゲルコートを乾燥させるのに気温が低い日は非常に時間がかかる

のだが, こんなときにヘアドライヤーは大変便利な道具となる。

また, FRPの積層を部分的に早く硬化させるのには, 赤外線ランプで照射するのが有効である。これは医療用の赤い光が出せるものではなく, 100V, 300W程度で熱線の出るランプを, つかみグリップが付いたソケットにはめて使う。FRP面との距離は少なくとも50㎝以上あけて照らすようにする。

寒い季節は樹脂の反応が鈍く, 硬化剤が適量のつもりでも硬化が遅れ勝ちになるから, 作業場内を適度に暖房ができると大変やりやすい。石油ストーブを使うのが簡便だが, 樹脂やシンナーなど可燃性のものを扱うから, ストーブには充分過ぎる注意が必要である。

シンナーの容器がストーブから離れているからといって蓋を開けたままにした場合, 蒸気が漂い流れて裸火に接したときに容器のところまで火が走ることがあるといわれるから, いつでも必ず蓋を閉めておくよう習慣付けるのが良い。

消火器も必ず備えておく。少量のシンナーでも火が着くと素手では消せないことを覚えておくべきである。

XIV. FRP成形品の処分と材料の購入

■ 成形品の処分

FRP素材は非常に耐蝕性が高く，耐薬品性にも優れているので，強酸，強アルカリ容器や運送用のタンクに使われている。建築部材，鉄道車両，漁船の船体，そして自動車のボディにと耐蝕性を求める製品に適した材料である。

その特性が災いとなって，今度は不要になった製品を処分するのに各分野が大変苦労している現状である。特に船舶関係では，小さいものは公園の池にある手漕ぎボートから大きいものは外洋に出られる50mを超すものまであり，これらの耐用年数が過ぎた船体が，川や海の岸辺に打ち捨てられたままになって社会問題を引き起こしている。

正規の解体作業には高額の費用が掛かるので，岸辺に不法投棄されて残骸をさらしているものには，個人持ちだったレジャーボートが多いという。

雨風に打たれても永久に腐蝕しない新材料というのも，不要になったときには，まさに現代文明のアイロニーの象徴ともなる。

FRPは有機化学の生成物なので，炭素分子が多く含まれているから，燃やすと高温で非常に良く燃える。しかし，大量の黒煙を吹き出すから野焼きなどは決してしてはならない。

メーカーは残材など不要となったFRP材の処理については，設備と対策を持って

いることだろうが，それでは我々のような小規模の成形作業者はどうしたら良いだろうか。

まず第一には，成形時にできるだけ残材を出さないようにする。繊維類は型から大きくはみ出さないように裁断する。成形後に切り落とす量を少なくするのである。

樹脂は必要以上調合しないように，成形が完了するのと同時に，使い切れる量の見当を付けるのは最初はなかなかできなくとも，その心掛けを持って注意すれば，作業に対する必要量が次第に分かるようになる。

しかし，作業場での最大の廃棄物は不要になった雌型，また失敗した成形品である。よほど大量でない限り，今はまだ家庭の不燃ゴミで処理してくれる自治体が多いだろうが，せめて30cm角ぐらいのサイズまでに切り，プラスチックゴミとして出すことができる。補強の木材が付いているものは取りはずしておくのが良い。

プラスチックゴミは，現在は埋め立てにする他に方法はないだろうが，埋立地の不足，満杯もすでに社会問題となっている。

最近はFRP屑を細かく粉砕し再びブロック状に固めるとか，道路の舗装材料に再製するなど建築や土木工事に再利用できる技術が開発されたというニュースを聞き，自分がこの何ともならない廃棄物を出してきたうしろめたさが，わずかながら慰められるのである。

■ 材料の購入とメーカーについて

成形用の材料は，いずれも純粋な工業用原料なので通常店頭に並べられているものではない。しかし，最近は彫刻家や造形作家が作品を作ったり，あるいは模型製作やバイクのカウルの自作用に需要が出てきたので，大きい画材店，模型材料店，DIY店などで扱うようになった。ガラス繊維，樹脂，薬品類があるが，少量ずつの容器で売られているために非常な割高となっている。

ある程度の量が必要なときには，メーカーの代理店で購入するのが良い。これは塗料材料店が兼ねていることが多いが，特に標示が出ているものではないので，街並みの中を探し当てるのは難しい。

まず樹脂メーカーの営業部に問い合わせてカタログを請求し，自分の居住地に近い代理店を紹介してもらう。これは大きい問屋のことが多いから，そこからさらに近くの小売店を教えてもらえば良い。

樹脂は石油缶の20kg入り，約18ℓ入っているのが普通の販売単位である。

樹脂の銘柄はカタログを見て，自分の用途に合うものを選び出す。不明のところ

は販売店で教えてもらえるだろう。

　♯450マット2層を積層するのに1㎡当たり1kgの樹脂で充分足りるから，1缶あれば20㎡が成形できる。使い切れないでも蓋を密閉して日影の涼しい場所に置けば，2年は充分保存ができよう。

　樹脂を扱っている小売店ならばその他の必要な薬品類，硬化材，促進剤，離型剤，増粘剤など，ほとんどのものを置いている。しかし，薬品類の最少販売単位は1kg入りの缶が普通である。

　塗料店であっても，FRP材料の樹脂関係を扱っている小売店では，繊維類もあわせて買うことができる。そのような小売店で繊維メーカーのカタログがもらえるだろうから，説明を良く聞いて注文するのが良い。

　♯450マットは幅約1mのロールで重量が30kg弱になっていて長さは約60mである。これらはメーカーによって多少の差がある。

　石膏原型を作るのであれば，画材店で1kg入りの袋で買える。これも割高になっているのは仕方がないことで，少し大きい型を作る場合は同じ塗料店でセメント袋入りで約25kgのものがある。しかし，石膏は湿気を帯びやすく，硬化時間が少しずつ短くなり，ついには袋の中で固まってしまうという具合で保存が難しい。大きい袋で買ってあまった場合は，買い物用のビニール袋に二重にして入れ，口を紙テープで閉めておけば長い間でも保存が効く。

　材料を買うに当たって，まず迷うのがどのくらいの分量を注文すれば良いかということだろう。正確な見積りをするのは難しいが，大雑把な目安として，ガラス繊維1㎡当たり1000gを積層するのに必要な樹脂は，1ℓが適量として計算できる。

　ガラス重量は♯450マットならば1㎡で450g，♯750ロービングクロスは1㎡/750gとして積層枚数を加え，あわせて計算し，それにℓを掛けたのが樹脂量となる。しかし，ガラス繊維は積層が連続でなく裁断ごとに重なり分があるから2割増しとし，樹脂も同じように計算をする。

　硬化剤は樹脂量の1%強を見ておけば良いから，最少単位の1kg約1ℓを買っておくと100ℓの樹脂，つまり石油缶5個分が成形できる計算である。

　気を付けることは，ガラス繊維は重量で計り，樹脂はℓ量で計算するのでまぎらわしいが混同しないように。

撮影・小川良文

〈著者紹介〉

浜 素紀（はま・もとき）

1927年12月11日生まれ。1953年東京藝術大学美術学部工芸科鍛金部、1955年同工芸計画科修了。日本で最初にFRPの成形法をマスターし、自宅に浜研究室を開設、グラフィックデザイン、工業デザインの業務をはじめる。この間、1974年から1998年まで名古屋芸術大学美術学部デザイン科IDコースの中のFRP成形実習を、1964年から1998年まで東洋大学工学部機械工学学科と建築学科でインダストリアルデザイン、機械工学特講、デザイン論、美術史、テクニカルイラストレーションの講座を担当。その他、「オールドタイマー」（八重洲出版）に〈失われたロールス・ロイスのボディをFRPで自作する〉を連載。著書に『クラシックカー再生の愉しみ』（グランプリ出版）などがある。

FRPボディとその成形法

著　者	浜 素紀
発 行 者	小林 謙一
発 行 所	株式会社 **グランプリ**出版 〒101-0051　東京都千代田区神田神保町1-32 電話03-3295-0005　FAX 03-3291-4418
印刷・製本	モリモト印刷株式会社